油页岩原位注热开采
高效对流加热机理及应用研究

黄旭东　著

中国矿业大学出版社
·徐州·

图书在版编目(CIP)数据

油页岩原位注热开采高效对流加热机理及应用研究 / 黄旭东著. — 徐州 ：中国矿业大学出版社，2025. 6.
ISBN 978-7-5646-6786-3

Ⅰ. P618.130.8

中国国家版本馆 CIP 数据核字第 2025VE6488 号

书　　名	油页岩原位注热开采高效对流加热机理及应用研究
著　　者	黄旭东
责任编辑	章　毅
出版发行	中国矿业大学出版社有限责任公司 (江苏省徐州市解放南路　邮编 221008)
营销热线	(0516)83885370　83884103
出版服务	(0516)83995789　83884920
网　　址	http://www.cumtp.com　**E-mail**:cumtpvip@cumtp.com
印　　刷	广东虎彩云印刷有限公司
开　　本	787 mm×1092 mm　1/16　**印张** 12　**字数** 235 千字
版次印次	2025 年 6 月第 1 版　2025 年 6 月第 1 次印刷
定　　价	54.00 元

前　言

油页岩是一种富含有机质的沉积岩，其中的有机质在高温作用下会发生热解，生成油页岩油和气体产物。油页岩资源储量巨大，是传统化石能源的重要补充。但是由于其能量密度低，对于埋深较大的油页岩矿层采用传统的井工开采或露天开采无法获得经济效益。因此，油页岩原位开采将是未来中、深层油页岩开发利用的主要方法。基于上述情况，赵阳升院士团队发明了“对流加热油页岩开采油气的方法”(MTI 方法)。该方法以过热水蒸气作为载热介质对矿层进行加热，同时水蒸气可以携带油气产物排出。MTI 方法首先需要在目标矿区布置群井，然后沿矿层压裂连通群井，形成过热水蒸气流动的初始通道，最后沿注热井注入高温水蒸气加热油页岩矿层使油页岩中的有机质热解。在原位注水蒸气开采油页岩的过程中，水蒸气是否只会沿初期压裂形成的裂隙直接从开采井返回地面，形成水蒸气的短路，进而影响加热范围、加热速率和资源回收率？原位注水蒸气对流加热油页岩是否具有高效性？针对上述问题，本书采用室内实验和数值模拟的研究方法，研究了水蒸气作用、热破裂和渗透对油页岩矿层加热的相互促进作用，揭示了水蒸气加热条件下的油页岩对流-传导复合高效对流加热机理，证明了原位注水蒸气开采油页岩的可行性。

本书的研究内容主要包括以下几个方面。① 油页岩孔隙、裂隙演化规律。通过 CT 数字岩芯技术，研究了不同温度下油页岩内部有机质、孔隙和裂隙的分布特征，分析了孔隙、裂隙的连通性与加热范围的关系，揭示了温度对油页岩孔隙结构演化的影响规律。② 油页岩座逾渗规律的数值研究。考虑油页岩孔隙分布特征及裂隙的各向异性，建立了新的座逾渗模型，分析了油页岩在不同温度下的逾渗规律，进一步探讨裂隙各向异性对油页岩渗透特性的影响。③ 渗透率演化规律。通过实时高温渗透实验研究了水蒸气加热下油页岩的渗透率变化规律，分析了不同温度下油页岩裂隙渗透特征的演变过程以及过热水蒸气实时加热条件下油页岩渗透率变化的微观机理。④ 温度场时空演变规律。基于红外热成像技术，本书研究了水蒸气加热下油页岩的温度场分布与演变规律。⑤ 数值模拟与开采效能评估。利用 THM 耦合数学模型，结合 Comsol

Multiphysics 软件，进行原位注水蒸气开采油页岩的数值模拟，评估了油气回收率、能量回报率和开采周期等关键经济和技术指标，分析了不同开采条件下的油页岩开采效能。

本书的结构安排如下：第 1 章绪论，简要介绍了油页岩的开发利用背景、现状及原位注热开采技术的研究进展，明确了本书研究的意义和主要内容。第 2 章至第 5 章依次探讨了油页岩在不同加热条件下的孔裂隙演化规律、渗透特性、温度场变化及其对水蒸气加热的影响。每章通过实验与数值模拟的结合，详细分析了不同因素对油页岩开采效果的影响。第 6 章基于 THM 耦合数学模型，结合数值模拟研究了原位注热开采油页岩的能量回报率与油气回收率等经济技术指标，进一步验证了原位注热开采技术的高效性。第 7 章总结了本书的主要研究成果，并展望了油页岩开发利用的未来发展方向。

通过本书的研究，期望为油页岩资源的高效开发和利用提供有力的理论依据和技术支持，同时为相关领域的研究人员提供参考，进而推动油页岩开采技术的不断进步。

著者

2025 年 1 月

目　录

第 1 章　绪论 ………………………………………………………… 1
1.1　研究意义 ………………………………………………………… 1
1.2　原位注热高效加热油页岩机理研究现状 ……………………… 8
1.3　油页岩原位注热开采高效对流加热机理研究主要存在的不足 ……………………………………………………………… 16
1.4　主要研究内容 …………………………………………………… 17

第 2 章　油页岩内有机质和孔隙、裂隙随水蒸气温度变化的演化规律研究 ………………………………………………………………… 21
2.1　油页岩试件、实验设备与实验方法 ……………………………… 21
2.2　油页岩数字岩芯的预处理及最小表征体积单元的确定 …… 23
2.3　基于油页岩 CT 灰度图的三相分割方法 ……………………… 27
2.4　不同温度水蒸气加热后油页岩内部有机质团的分布特征 … 30
2.5　不同温度水蒸气加热后油页岩内部孔隙、裂隙分布特征和连通特性 ………………………………………………………………… 37
2.6　本章小结 ………………………………………………………… 57

第 3 章　考虑孔隙分布特征和裂隙各向异性的油页岩座逾渗规律数值研究 ………………………………………………………………… 59
3.1　考虑孔隙分布特征的座逾渗模型的建立 ……………………… 59
3.2　逾渗阈值的确定方法 …………………………………………… 62
3.3　考虑孔隙分布特征的三维多孔介质逾渗规律 ………………… 64
3.4　考虑裂隙各向异性的孔隙-裂隙双重介质逾渗规律 ………… 68
3.5　不同温度水蒸气加热后油页岩内部孔隙、裂隙的各向异性逾渗规律 ………………………………………………………………… 73
3.6　本章小结 ………………………………………………………… 85

第 4 章　过热水蒸气加热下油页岩裂隙渗透特征演变规律研究 …………… 87
4.1　油页岩试件制备、实验设备及实验方法 …………………… 87
4.2　不同温度水蒸气加热下含单一裂隙的油页岩渗流实验结果与分析 ………………………………………………………… 91
4.3　本章小结 ……………………………………………………… 108

第 5 章　过热水蒸气加热条件下油页岩温度场时空演变规律研究 ……… 111
5.1　油页岩试件制备、实验设备及实验方法 ………………… 111
5.2　过热水蒸气作用下油页岩高效加热规律 ………………… 116
5.3　本章小结 ……………………………………………………… 136

第 6 章　原位注过热水蒸气高效对流加热开采油页岩的数值研究 ……… 137
6.1　THM 耦合数学模型的建立及物理几何模型初始和边界条件的确定 ………………………………………………………… 137
6.2　原位注水蒸气开采油页岩油气的回收率和能量回报率计算方法 ……………………………………………………………… 147
6.3　数值模拟结果分析和讨论 ………………………………… 148
6.4　本章小结 ……………………………………………………… 160

第 7 章　结论与展望 ………………………………………………… 163
7.1　主要结论 ……………………………………………………… 163
7.2　展望 …………………………………………………………… 165

参考文献 ……………………………………………………………… 167

第1章 绪 论

1.1 研究意义

1.1.1 油页岩的开发利用价值

随着我国经济的高速发展，对能源的需求量持续增大。2020年，我国原油进口量超过了5亿t，石油对外依存度超过了70%[1]。预计“十四五”期间，我国终端能源消耗量将以每年1.2%的速度持续增长，到2025年终端能源消耗量预计达到36.6亿t标准煤。预计到2030年，我国原油消耗量将达到7.5亿t[2]。相比于能源消耗量的逐年增加，我国常规能源的产量接近达峰。2020年我国煤炭产量约40亿t，“十四五”期间煤炭产量预计还会有所增加，但增幅不大[3]。我国原油产量基本稳定在2亿t/a[4]，而且在现有的情况下（主力油田的产量逐渐下降，还没有能够有效弥补主力油田产量下降的新生产能出现）保持稳定的年产量的难度大，增产的难度更大[5]。由此可见，我国的能源安全存在巨大的隐患。鉴于此，急需开发煤炭、石油等常规能源的替代能源。

油页岩是一种含有固态有机质的细粒沉积岩[6-8]。油页岩中的固体有机质在隔绝氧气的环境下加热（400～550 ℃）会发生热解反应，生成油页岩油和气体产物（烃类气体、H_2、CO、CO_2、NH_3、H_2S等）[9]。世界油页岩资源储量极其丰富，主要分布在美国、中国[10]、澳大利亚、爱沙尼亚、俄罗斯、巴西和加拿大等国。若将全世界已经探明的油页岩资源折算成油页岩油，其储量达到了4 000多亿t，远远大于常规石油的已探明储量（约为石油探明储量的3倍）。我国的油页岩资源为7 199.37亿t，折算成页岩油可达476.44亿t，其中，可回收资源为119.76亿t[11]。我国大部分油页岩主要分布在准格尔盆地、鄂尔多斯盆地、松辽盆地等地区，这几大盆地的油页岩资源约占我国油页岩资源储量的76.79%。我国高度重视对油页岩资源的开发利用，国家能源局在2018年成立了国家油页岩开采研发中心，有效推动了油页岩的大规模开发利用进程。目前油页岩的开发利用方式仍然是以露天开采加地面干馏的模式进行。该方法有诸多弊端，而且，受限于可开采的深度，只能对极少部分的油页岩资源进行利用，对于缓解我国原油对外依存度的效果极低。若能够突破油页岩原位开采的技术和经济瓶颈，实现大规模工业化的油页岩原位开采，则油页岩资源将会成为石油的重要替代能源。

1.1.2 油页岩开发利用现状

早在 17 世纪人类就开始通过露天开采的方式将埋藏较浅的油页岩矿石采出来进行干馏并得到油页岩油和可燃气体产物[12-16]。目前，该方法仍然是世界范围内的主流方法。该方法占地面积大，开发成本高，而且受限于露天开采的可采深度，大量埋深在几百米以下的油页岩资源无法被有效开采[17]。目前国内主流的地面干馏设备是抚顺干馏炉，辽宁抚顺油页岩露天矿和新疆巴里坤油页岩露天矿等(图 1-1)都是使用该设备进行油页岩的地面干馏。抚顺干馏炉的单炉处理量为 100～200 t/d，供热方式为 70%内燃+30%循环瓦斯，炉内热解区温度为 500～550 ℃，收油率约为 60%～75%，入炉油页岩规格为 8～75 mm。抚顺干馏炉的自动化程度低，矿石日处理量低，而且粒径小于 8 mm 的油页岩颗粒无法处理，导致大量小粒径的油页岩堆积成山。上述弊端严重制约了油页岩开发利用规模，因此需要在油页岩开发利用方式上寻求变革性的突破。

图 1-1 油页岩干馏炉

1.1.3 油页岩原位开采技术现状及其前景

油页岩原位开采技术的核心思想是在地下原位加热油页岩，使油页岩中的有机质发生热解，热解产物通过开采井采出[17-19]。油页岩原位开采技术的探索开始于上世纪中叶。瑞典于 1940 年提出了“电热法”[20]，美国辛克莱油气公司通过裂隙燃烧的方式进行了现场的油页岩原位热解实验[21]。美国矿业局也针对美国绿河油页岩进行了原位开采的现场工业实验，目的是验证在原位状态下利用油页岩的燃烧热对油页岩矿层进行加热的可行性并探索相关工业设施设备的搭建、热解反应的维持和控制等工艺[22]。随着科学技术的不断发展，一大批针对油页岩原位开采的新技术不断涌现。根据加热方式的不同，大致可以将这些技术分为燃烧加热技术、电加热技术、流体加热技术和辐射加热技术[17-18]，表 1－1 简单罗列了部分原位开采技术的基本信息。下面针对若干具有代表性的油页岩原位开采技术进行简单介绍。

表 1－1　油页岩原位开采技术

加热方式	技术研发单位或公司	工艺技术	现场实验
燃烧加热	美国矿业局	In-situ Combustion 技术	是，无经济性
	美国西方石油公司	In-situ Combustion 技术	是，无经济性
	吉林众诚公司	原位压裂＋化学干馏技术	是，无经济性
电加热	壳牌公司	ICP 技术	是，无经济性
	埃克森美孚公司	Elactrofrac™ 原位开采技术	未成功
	吉林大学	高压-工频电加热(HVF)技术	否
	IEP 公司	GFC(燃料电池技术)	否
流体加热	美国页岩油公司(前身 EGL)	CCR 技术(前身 EGL 技术)	未成功
	雪佛龙公司	CRUSH 技术	否
	Mountain West Energy 公司	IVE 技术	否
	Petro Probe 公司	Superheated Air 技术	否
	吉林大学	IIST－VTCP 技术	是，无经济性
	太原理工大学	MTI 技术	否
	中国石化	电/流体复合加热技术	否
	中国石油	电/流体加热技术	否
辐射加热	劳伦斯-利弗莫尔国家实验室	LLNL 的射频工艺	否
	Phoenix Wyoming 公司	Microwave 技术	否
	雷神公司	RF/CF 技术	否

（1）壳牌公司的 ICP 技术

壳牌公司的 ICP 技术属于典型的电加热技术，该技术已经在美国绿河盆地、Mahogany 南部示范区和约旦等地进行过多次现场试验[23-25]，是目前国际公认的最为成熟的一种油页岩原位开采技术，原理如图 1－2 所示[26-27]。该技术的核心思想是在油页岩矿层布置井网，部分作为加热井，部分作为开采井。

根据壳牌公司历次现场试验的数据，加热井的数量一般多于开采井的数量，数量比在 1∶1 到 1∶4 之间[24]。根据井间距的不同和加热器数量功率的不同，将油页岩矿层加热到有机质发生热解的温度需要 2～4 年的时间。根据多次现场试验的结果，ICP 技术可获得的能量增益接近 3。为防止开采区域以外的地下水流入加热区域造成加热能量的损耗或开采区域的热解产物运移到开采区以外对地层或地下水造成污染，壳牌公司采用冷冻墙的方式将开采区域与外界隔开。壳牌公司于 2002 年开始进行冷冻墙封闭开采区域的现场试验，利用氨水作为循环液体将冷冻墙的深度延伸到了地下 520 m 并评估了冷冻墙的完整性。

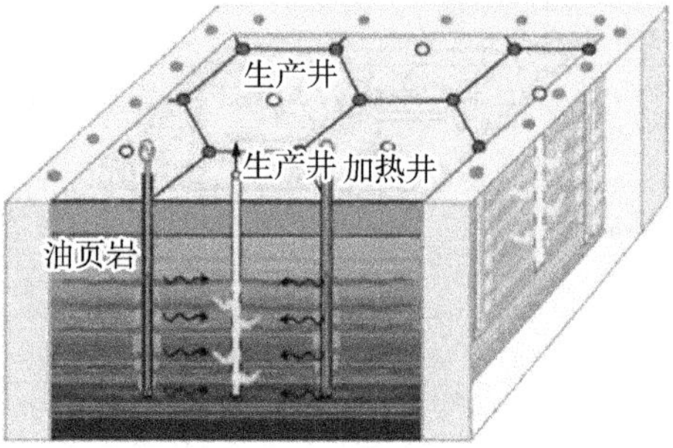

图 1－2　ICP 技术原理示意图[20]

(2) 埃克森美孚公司的 Elactrofrac™ 原位开采技术

埃克森美孚公司的 Elactrofrac™ 原位开采技术(图 1－3)的本质也是通过电加热来使油页岩矿层达到有机质热解的温度[27]。但是，与壳牌公司的 ICP 技术不同之处在于，Elactrofrac™ 原位开采技术需要先通过水力压裂的方式在

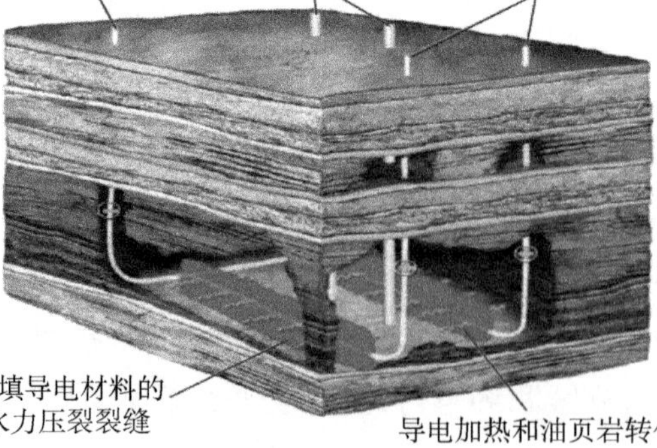

图 1－3　埃克森美孚公司的 Elactrofrac™ 原位开采技术示意图[28]

油页岩矿层中构建裂隙，同时将具有导电性的支撑剂注入裂隙中。这些具有导电性的支撑架剂为加热电阻，在通电的情况下发热，通过这种方式将油页岩矿层加热。埃克森美孚的 Elactrofrac™ 原位开采技术的优点在于，整个裂隙面都是热源，相较于 ICP 技术的线热源，加热效率更高。埃克森美孚公司于 2007 年通过焙烧石油焦作为支撑剂进行了现场试验，验证了该工艺的可行性。

(3) 吉林大学的高压-工频电加热(HVF)技术

吉林大学于 2010 年联合俄罗斯托木斯克理工大学开始进行高压-工频电加热(HVF)原位转化技术的研发工作[29]。该技术是将两个电极从钻孔插入油页岩矿层，然后接通高压电，高压电会在两个电极之间形成等离子体通道并使该通道上的油页岩炭化，形成电流通道，然后在两个电极之间接入工频电流对油页岩矿层进行高效加热，原理如图 1－4 所示。该技术无需对矿层进行压裂便可制造出良好的电阻热源，加热速率快。杨阳[29]通过实验研究发现，两个电极的间距 15 cm 时，仅需 10 min 就可以使两个电极之间的油页岩发生热解，而且，当加热通道的方向与油页岩的层理方向垂直的时候，有效的加热面积更大，更加有利于油页岩资源的高效回收。

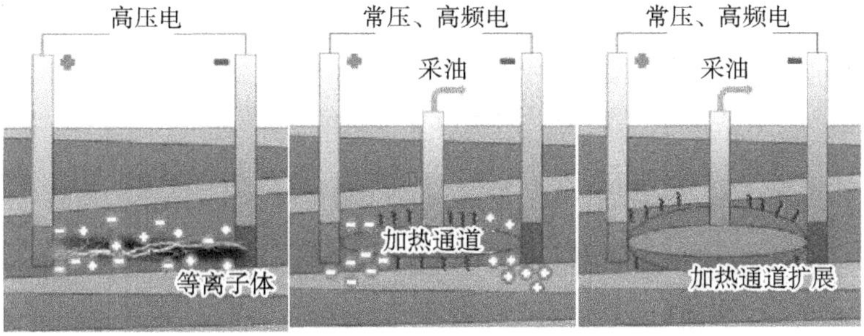

(a) 击穿过程　(b) 加热过程　(c) 通道扩展过程

图 1－4　吉林大学的高压-工频电加热(HVF)技术原理示意图[25]

(4) 吉林众诚公司的原位压裂＋化学干馏技术

吉林众诚公司提出了原位压裂＋化学干馏技术[30]，该技术属于燃烧加热技术的一种，如图 1－5 所示。该技术的核心是在油页岩矿层中沿着走向方向布置水平井，然后通过压裂的方式沟通这些水平井，形成热解产物的运移通道。然后，通入助燃气体点燃油页岩矿层进而对油页岩进行干馏。热解产生的油页岩油通过压裂裂隙流到下部的水平井中被导出地面。随后往热解区域注入氧化剂，使之与油页岩矿层中残留的固定碳和沥青质发生氧化反应，放出大量的热量，作为后续加热更大范围的油页岩矿层的热源。吉林众诚公司已经用该技术进行了现场的工业试验，并于2014年产出了油页岩油，但是目前该方法尚无经济性，因此没有进行大规模工业应用。

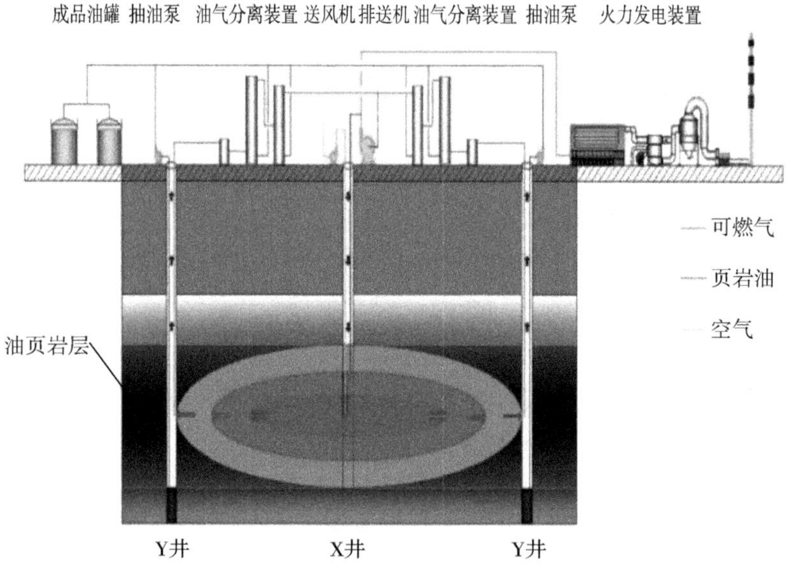

图1-5　原位压裂+化学干馏技术示意图[30]

(5) 局部化学反应法油页岩原位转化技术(TSA法)

局部化学反应法是由吉林大学与以色列的相关专家联合提出的一种油页岩原位开采方法，技术原理示意图如图1-6所示。该方法首先需要在油页岩矿区钻注热井和开采井，然后通过水力压裂的方式沟通注热井和开采井。待注热井和开采井形成良好的通道后，从注热井注入高温混合气体，气体温度为390～450 ℃。高温气体进入油页岩矿层后加热油页岩使其内部的有机质发生热解。在通入的混合气体中混入少量空气，空气中的氧气在高温条件下会与油页岩中的有机质或固定碳发生化学反应放出大量的热，使得整个热解过程得以持续进行而不再需要大量的外界热量补充。热解产物的气体中有部分可燃气体，可以作为燃料重新注入地层中参与化学反应，进一步提高了能量利用率。通过控制注入混合气体的流速来控制热解反应区域的大小，进而实现对整个工艺流程的控制。该方法已经进行了现场先导试验[31]。

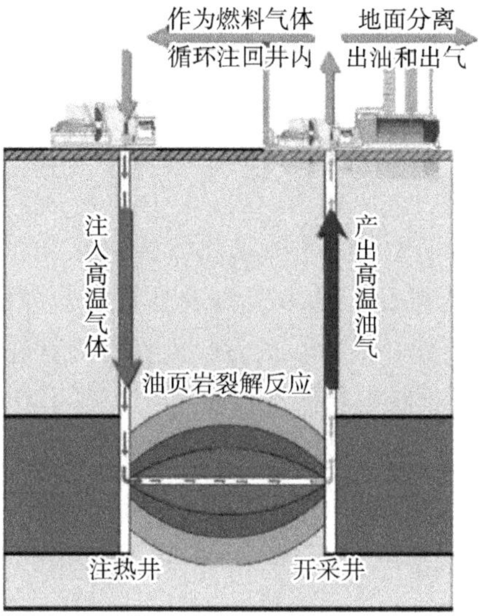

图 1-6 吉林大学的 TSA 技术原理示意图[17,32]

(6) 雪佛龙公司的 CRUSH 技术

雪佛龙公司的 CRUSH 技术属于对流加热技术的一种(图 1-7)。该技术的特点是需要将油页岩矿层破碎后再注入高温流体进行加热[33]。破碎油页岩矿层的目的是增加高温流体与油页岩矿层的换热面积,提高加热效率。另外,油页岩矿层破碎以后,极大增强了其渗透性,有利于高温流体的进入和热解产物的运移外排[34]。雪佛龙公司提出了两种可能的破碎油页岩矿层的方法:一是

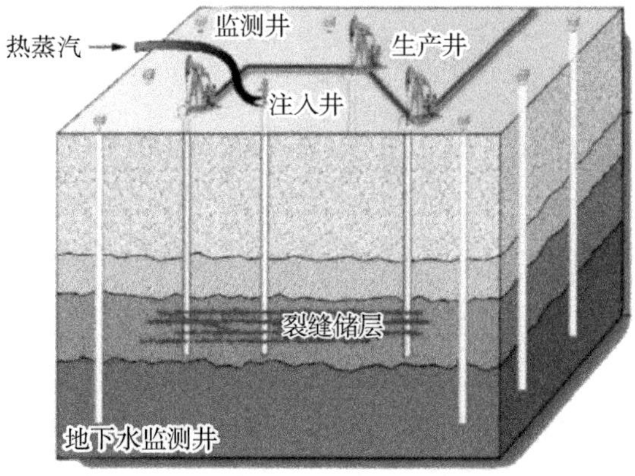

图 1-7 雪佛龙公司的 CRUSH 技术原理示意图[33]

冷冻法，利用岩石热胀冷缩的性质，在热胀冷缩变形不协调的位置产生拉应力或剪应力破坏，从而达到破岩的目的；二是爆炸法破岩，利用爆炸时的冲击作用使油页岩层发生破裂。

(7) 太原理工大学的 MTI 技术

赵阳升院士团队于 2010 年获得发明专利：对流加热油页岩开采油气的方法[35]。在随后的研究中将对流加热的载热流体确定为高温水蒸气[18,36-37]。该技术的核心思想是通过群井压裂的方式沟通各井，然后将高温水蒸气从注热井注入油页岩矿层，原理如图 1-8 所示。高温水蒸气首先通过压裂裂隙加热油页岩，使油页岩中的有机质发生热解。与此同时，油页岩在受热后发生热破裂，形成新的高温水蒸气通道，进而扩大加热范围。油页岩的热解产物在水蒸气的驱动下从开采井排出。开采井和注热井通过轮换的方式提高加热效率和资源回收率。该方式工艺流程简单，加热效率高，资源回收率高，具有巨大的潜力。

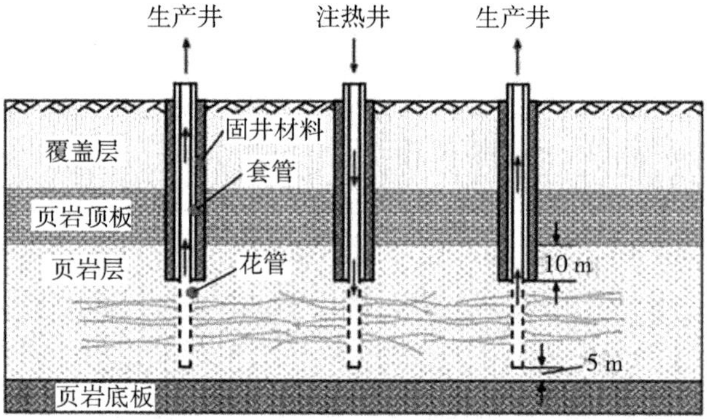

图 1-8　太原理工大学的 MTI 技术原理示意图[35]

1.2　原位注热高效加热油页岩机理研究现状

油页岩原位注水蒸气高效加热的微观机理本质上依赖于水蒸气加热引发的孔隙、裂隙充分发育。在常温条件下，油页岩具有致密完整的结构特征，其极低渗透率(通常 $<1\times10^{-3}\ \mu m^2$)必须通过水力压裂等工程手段建立初始水蒸气运移通道。若在水蒸气热作用下未能形成有效的新生孔隙、裂隙网络，将显著制约水蒸气热传导范围并降低资源采收效率。因此，准确评估与预测温度场作用下孔隙、裂隙系统的发育规律及连通特性，对阐明原位注热对流加热机制具

有关键意义。具体而言，孔隙、裂隙的动态演化直接影响油页岩的渗透率变化，其中平行层理方向的裂隙扩展对渗透率演变起着主导作用。该过程涉及三个核心科学问题：① 注热过程中油页岩温度场时空演化规律；② 热力作用下孔隙、裂隙结构演化机制；③ 渗透率演变对水蒸气流动及热场扩展的反馈作用。当前研究主要集中于热-流-固耦合作用下的裂隙网络发展规律、各向异性渗透率建模以及工程参数优化等方面。

1.2.1 温度作用下油页岩孔隙、裂隙演化规律研究现状

油页岩油原位注热开采过程中，孔隙、裂隙是水蒸气流动的主要通道，因此孔隙、裂隙的充分发育是原位注热高效对流加热油页岩矿层的关键。高精度显微 CT 技术被广泛应用于油页岩内部孔隙、裂隙结构的研究。Saif 等[38]采用非接触激光加热实时 CT 扫描技术研究了油页岩内部变形及孔隙、裂隙随温度的演化规律，得出油页岩孔隙率在 380 ℃时增长速率最大。Rabbani 等[39]应用多种 CT 图像处理和表征算法研究了绿河油页岩孔隙、裂隙随温度的演化特征，并基于数字岩芯技术计算了油页岩的渗透率。Tiwari 等[40]用 micro-CT 技术研究了热解前后油页岩的孔隙结构特征。研究表明，有机质富集部位热解后孔隙明显增多。Wang 等[19,41]提出了一种原位注过热水蒸气开采油页岩的技术。为验证该工艺的可行性并确定相关工艺技术参数，Kang 等[42]基于高精度显微 CT 技术研究了油页岩孔隙结构随温度的演化规律。与此同时，Wang 等[43]采用实时高温三轴渗透试验系统结合 CT 扫描技术研究了不同温度下油页岩渗透率在不同方向上的演化规律。上述研究表明，油页岩对温度极为敏感。随着温度的升高，油页岩内部孔隙和裂隙不断发育，油页岩逐渐由致密、超低渗透岩石向高渗透岩石转变。

基于显微 CT 扫描技术研究油页岩热解特征时，大多数研究者只关注孔隙和裂隙的演化，而没有关注有机质的分布和演化及其对油页岩孔裂隙演化的影响[41-42,44-45]。而实际上，高精度的显微 CT 扫描系统可以在微米尺度上观察到油页岩内部的有机质分布情况。然而，普通的二值化方法只能区分孔裂隙和固体基体。这是因为有机质的低密度导致 CT 图像的灰度值较低，可能与小孔隙和微裂隙的灰度值相重叠。普通的二值化方法一般会直接将油页岩内的有机质团识别成孔隙。因此，仅根据 CT 图像中的灰度值来获取有机质的分布情况会造成较大的误差。

1.2.2 逾渗理论及其在岩石微观孔隙、裂隙演化规律中的应用研究现状

目前，针对油页岩孔隙、裂隙连通性的评价仅停留在基于实验数据的归纳总结上，还没有合适的理论能够直接用于评价和预测油页岩孔隙、裂隙的连通性。逾渗理论是统计物理学的主要研究热点之一[46-48]，该理论在材料的导电性[49-50]、地下含水层中水的补充[51]、多孔介质中物质的运移[52-54]、混合溶液中絮凝物的凝结[55]、核废料的封存处理[56]、岩石中孔隙和裂隙的连通性[57]、传染性疾病的防治[58]以及油气储层的参数(如有效渗透率、储层连通性和突破时间)评估等领域被广泛地应用[59-62]。由此可见，逾渗理论在评价和预测油页岩孔隙裂隙的连通性方面也具有潜在的应用前景。

在地球科学领域，逾渗理论最广泛的应用是对多孔介质中孔裂隙的连通性和流体流动的分析[63]。连通性的概念从早期就被用于描述多孔介质的微观结构。然而，逾渗理论在CT数字岩芯分析中的应用是最近才出现的。吕兆兴[64]在经典的座逾渗理论中考虑了随机裂隙的影响，提出孔隙-裂隙双重介质逾渗理论，并基于该理论研究了煤岩、砂岩等天然多孔介质的孔隙连通情况。Nakashima等[65]基于逾渗理论分析了CT数字岩芯的孔隙连通性和孔隙迂曲度的各向异性特征。Navarre-Sitchler等[66]基于逾渗理论和CT数字岩芯技术研究了玄武岩化学风化引起的孔隙率和扩散系数的演化规律。结果表明，玄武岩在孔隙率低于9%时孔隙连通性很差，在孔隙率大于15%后有效孔隙率迅速增大。

在多孔介质中，物质的运移特征与多孔介质内部的孔隙连通性密切相关[67-69]。当多孔介质中的孔隙相互连通形成跨越整个多孔介质的孔隙团，该孔隙团从一个边界跨越到另一个相对的边界，此时多孔介质的传热传质特性将发生质的变化[70-73]。在逾渗理论中，这种临界突变现象被定义为逾渗转变。逾渗阈值则被定义为发生逾渗转变时的孔隙率。正因为逾渗阈值与多孔介质的孔隙连通性、传热传质等性质密切相关，因此研究多孔介质的逾渗机理，特别是确定逾渗阈值具有重要意义[74-81]。

随着计算机计算效率的提高和模拟方法的成熟，越来越多的学者开始利用连续逾渗理论来研究孔隙形状对逾渗特性的影响[82-84]。连续逾渗模型不需要对模型进行网格划分，模型中的孔隙形状通过方程控制(比如球形孔隙就是球体的代数方程)，通过随机方法确定每个孔隙的位置，因此连续逾渗模型完全不同于座逾渗模型或键逾渗模型。然而，基于连续逾渗理论的模拟需要将孔隙的

形状简化为一些规则的几何形状(如正方体、椭球体、圆柱体和多边形等)[85-87],这与许多天然多孔介质的孔隙特征有很大的差异。如干馏处理后的油页岩或浸泡处理后的可溶性盐矿石[37,88],这些天然多孔介质内部的孔隙不仅形状不规则,而且孔径分布也十分复杂。因此,不适合将孔隙结构简化为规则的几何形状。当网格划分得足够小时,利用座逾渗模型可以很好地模拟任何形状的孔隙结构[89]。此外,由于座逾渗模型中的网格与CT图像中的像素点可以直接形成一一对应的关系,因此可以直接使用座逾渗模型对CT图像进行分析,这一点也是连续逾渗模型所无法比拟的[90-92]。但是,经典的二维(网格类型:正方形)和三维(网格类型:正方体)座逾渗模型的逾渗阈值分别为59.27%和31.16%,这与绝大部分天然多孔介质的逾渗阈值都存在巨大差异。已有研究表明,油页岩等天然多孔介质的逾渗阈值远低于理想多孔介质的逾渗阈值[92-93],如图1-9所示。因此,经典的座逾渗模型不能直接用于描述和预测油页岩等天然多孔介质的逾渗现象。

众所周知,理想均质多孔介质中的孔隙是由一次随机占据一个网格形成的。也就是说,每一个网格被占据的概率是相等的。然而,在油页岩等天然岩石中,每当出现一个新的孔隙时,新孔隙的体积和形状都是随机的,这与理想均质孔隙介质中孔隙生成的方式有很大的不同。因此,对多网格孔隙生成方法的研究是必要的。多网格孔隙的生成方法中比较典型的是随机吸附法(Random Sequential Adsorption,RSA)[94]。基于RSA方法,Cornette等[95-96]在座逾渗模型的基础上研究了二维(网格类型:正方形)和三维(网格类型:正方体)k孔隙团(每个孔隙团包含k个网格)的逾渗规律。结果表明,在二维和三维多孔介质中,若以k为自变量,则逾渗阈值是一个指数递减函数。也就是说,随着k的增加,逾渗阈值逐渐减小。García等[97]进一步研究了直刚性杆在三维正方体网格上的阻塞现象(阻塞状态描述的是多孔介质中当大小为k的孔隙增加到一定数量后,多孔介质中再也没有能够容纳大小为k的孔隙的一种状态。多孔介质中会出现这种现象的前提是假设所有大小为k的孔隙之间不发生任何的重叠)。Centres等[98-101]也基于RSA方法研究了二维(网格类型:正方形)和三维(网格类型:正方体)多孔介质的阻塞现象和逾渗规律。文献[102]分析了孔隙的几何特性对阻塞现象的影响。然而,这些研究很少关注孔隙分布特征对逾渗阈值的影响。另外,基于RSA方法模拟生成的多孔介质,随着孔隙率的增加,必然出现阻塞状态,这是该方法本身的特点决定的。基于RSA方法模拟生成多孔介质时,每个孔隙的位置随机,且每个孔隙的大小为k,即每个孔隙占据k

个网格。新生成的孔隙不能与多孔介质中已有的孔隙发生全部或部分的重叠，不同孔隙间出现相邻网格时才能发生孔隙之间的合并。显然，RSA 方法也不能较好地模拟真实的天然多孔介质的孔隙演化特征，需要继续寻求一种全新的网格填充方法。只有对现有的逾渗模型进行合理的修正才能被用来评价和预测油页岩的孔隙、裂隙的连通性。

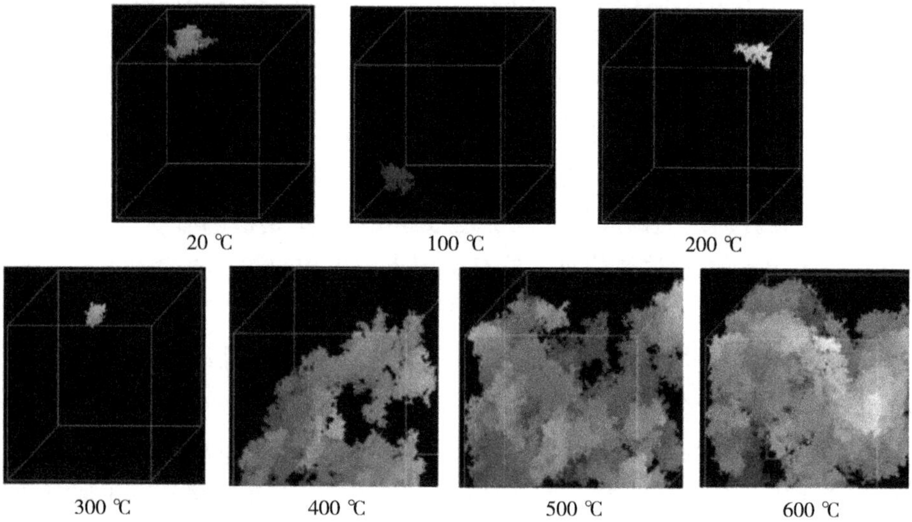

图 1-9　油页岩中最大孔隙团随温度的演变规律[103]

1.2.3　温度作用下油页岩的渗透特性演变规律研究现状

无论采用何种原位开采技术，油页岩储层的渗透性都是决定整个开采工艺是否能够正常进行的关键因素。前面提到的一些原位开采技术需要进行水力压裂制造裂隙，有些则需要通过爆炸或冷冻等方式进行破岩，这都是在改造油页岩储层，使其渗透性得以极大地改善。在常温下，油页岩的渗透率极低[104]，平行层理方向的渗透率在 $10^{-19}\sim10^{-18}$ m^2 之间，垂直层理方向则低至 10^{-20} m^2。在如此低的渗透率下，高温水蒸气的进入和热解产物的运移都受到了严重的阻碍。Wang 等[43]利用高温三轴稳态法渗透试验系统和脉冲衰减法低渗测试系统研究了辽宁抚顺油页岩平行和垂直层理方向油页岩从 20 ℃到 600 ℃的渗透率变化规律。研究发现，对于平行层理方向的渗透率，温度从 20 ℃至 400 ℃变化时，渗透性随着孔隙压力的增加先降低后升高，温度从

450 ℃到 600 ℃变化时，随着孔隙压力的增加渗透率降低；对于垂直层理方向的渗透率，温度从 450 ℃到 600 ℃变化时，随着孔隙压力的增加渗透率降低。王国营还指出，裂隙的发育是平行层理方向油页岩渗透率改变的主要因素，大孔的发育和连通是垂直层理方向渗透率变化的主要因素。王磊等[36,105]测试了不同温度的高温水蒸气加热后的新疆巴里坤油页岩的渗透率，并将其与传导加热后的油页岩渗透率进行了对比。研究发现，相同温度和加热时间的条件下，过热水蒸气作用后的油页岩平行层理方向的渗透率要大于传导加热后的油页岩的渗透率。Rabbani 等[39]应用多种图像处理和表征算法，基于 CT 图像研究了温度作用下美国绿河油页岩孔隙、裂隙的变化特征，并基于数字岩芯技术计算了垂直和平行层理方向油页岩的绝对渗透率。结果表明，温度在 390～400 ℃范围内时，孔隙率和裂隙孔径明显增大，这意味着油页岩热解后的传质特性发生了跳跃式变化。绝对渗透率的计算结果表明，油页岩的绝对渗透率与孔隙、裂隙连通性的相关性大于绝对渗透率与平均孔径的相关性。Tiwari 等[40]利用格子玻尔兹曼方法计算了油页岩 CT 数字岩芯平行层理方向裂隙网络的渗透率。

油页岩是一种典型的横观各向同性岩石[40,106-107]，其内部的孔隙、裂隙结构以及矿物分布都具有极强的各向异性[108]。大量黏土矿物和其他矿物颗粒沿层理方向分布的特点使得油页岩在垂直层理方向上的渗透率远远低于平行层理方向[106,109-110]。事实上，常温下油页岩平行层理方向的渗透率是垂直层理方向渗透率的 3.1～6 800 倍[111-114]。王国营等[115]研究了三轴应力下油页岩渗透率的各向异性随温度的演化特征。研究发现，渗透率各向异性系数随着温度的增加先增大后减小，渗透率各向异性系数的极大值出现在 200 ℃，此时的渗透率各向异性系数为 11 984，表明 200 ℃时，平行层理方向的渗透率远远大于垂直层理方向。随着温度的进一步增加，渗透率各向异性系数开始下降，到 550 ℃时下降到了 64，这是由于油页岩中的有机质发生热解形成大孔，大孔在垂直层理方向沟通了裂隙，形成了渗流通道，故该方向的渗透性得到显著提高。

在油页岩原位水蒸气开采工艺中，需要通过压裂的方式人工制造连通注热井和开采井的裂隙。这些裂隙作为高温水蒸气流动的初始通道和热解产物的运移通道，其渗透性至关重要[116]。Keller 等[117]指出，低渗透岩石的传质特性从根本上取决于有效的连通结构。由此可见，针对油页岩的裂隙渗流特性研究至关重要。但是，目前针对其他岩石的裂隙渗流特性的研究有很多，尚未有油页岩相关的研究。Chen 等[118]研究了不同裂隙形貌条件下砂岩的裂隙渗流特征，研究发现，砂岩的有效力学开度与围压呈负相关。Selvadurai 等[119]研究了法向应力诱发的花岗岩裂隙渗透率滞后效应。Selvadurai 等指出，裂隙面的接触点在应力作用下发生持续变形和压溶导致渗透率的持续变化。万菊英等[120]通过数值模拟研究了裂隙密度与渗透率的逾渗关系。研究发现，裂隙网络的渗透率与裂隙的密度为乘幂关系。Bisdom 等[121]研究了裂隙储层中地应力和裂隙形态对水力开度和渗透率的影响规律。结果表明，裂隙走向与最大主应力的夹角对裂隙水力开度和渗透率具有控制作用，其中夹角为 15°时水力开度最大。在这个角度下，裂隙经历少量的剪切位移，即使流体压力低于局部正应力，裂隙仍然保持开放状态。Van 等[122]将渗透率测试系统放入到 CT 试验系统中进行了实时在线的渗透和 CT 试验，研究了砂岩裂隙开度与渗透率的关系。

由前人的研究可知，裂隙的开度、长度、裂隙密度、裂隙表面粗糙度以及裂隙岩体所处的应力环境共同影响了裂隙岩体的渗流特征[123-130]。某些涉及岩石岩体的工程必须考虑温度的影响，比如地热开发和油页岩原位开发。以地热开发为工程背景的裂隙岩石岩体渗流、传热特征研究一直是一个热点。Yin 等[131]研究了高温高压下裂隙充填花岗岩渗透规律及在 HDR 地热开采中的应用。Zhao 等[132]研究了高温高压作用下花岗岩热破裂和渗流规律及在地热开发中的应用。研究发现，热破裂主要发生在矿物晶体之间，裂隙的产生导致花岗岩的渗透率快速增加。Wei 等[133]结合有限元方法和有限体积法编写程序研究了断层模式的地热开发系统的渗流传热和变形等特征。Gao 等[134]研究了不同温度和应力作用下，煤的渗透性与基质-裂隙相互作用关系，研究发现，温度会从物理和化学两个方面影响煤的渗透性特征，主要表现为抑制作用，在高应力条件下这种影响会明显减弱。Shu 等[135]进行了温度作用下花岗岩单裂隙渗透率的演化规律研究，结果表明，在 200 ℃内，随着温度的增加，裂隙的水力开度和渗透率都会降低，当温度恢复到 25 ℃时，这种水力开度的降低并没有减弱，也就是说裂隙面发生了不可逆的变化。

1.2.4 温度作用下油页岩等岩石的传热规律研究现状

Wang 等[136]测试了不同温度作用下辽宁抚顺油页岩的热传导系数和热扩散系数。结果表明，油页岩的热传导系数和热扩散系数都随着温度的增加而降低，仅在 550 ℃后降低趋势放缓或略微升高。Yang 等[137-138]建立起油页岩原位开采的固流热耦合数学模型，并利用有限元方法研究了工业尺度的油页岩原位注水蒸气开采过程中的渗流、传热和岩层变形特征。结果表明，过热水蒸气沿着压裂裂隙进入油页岩矿层后，首先在注热井和开采井之间有裂隙贯穿的位置形成高温区域，随后，高温区域向裂隙两侧扩展。在注热井和开采井以外的岩层温度迅速降低，形成了天然的隔热带，防止了热量的散失。Kang 等[139]进行了大尺寸(最大直径为 2.2 m)油页岩的注水蒸气热解试验并分析了水蒸气加热条件下油页岩内部的温度变化规律。结果表明，通过轮换注热井和开采井可以实现油页岩的高效加热。Chen 等[140]研究了三维粗糙岩石裂隙内的对流换热特性。结果表明，应力变化导致的裂隙面接触和空腔的改变增加了裂隙中水流流线和水温分布的非均匀性。Yao 等[141]研究了非达西流动对复杂裂隙岩体热流耦合过程的影响。结果表明，非达西流动对换热过程的影响随着水力梯度或等效水力开度的增大而增大。Yao 等[142]研究了裂隙密度、粗糙度和裂隙网络逾渗特征对含有三维裂隙网络的干热岩体的热流耦合影响规律。结果表明，裂隙网络的逾渗(连通性)是影响热流耦合的决定性因素。相同裂隙密度下，逾渗裂隙网络的平均出口流速远大于非逾渗裂隙网络，这也同时导致逾渗裂隙网络的出口温度下降更快。此外，在非逾渗裂隙网络模型中裂隙的粗糙度对热流耦合的影响几乎可以忽略。

1.2.5 油页岩原位开采数值研究现状

康志勤[143]提出了油页岩原位注热开采的热流固耦合数学模型，并基于该模型研究了油页岩原位注热开采的温度场、渗流场和固体变形场的时空演变规律。随后，刘志军[144]基于温度和孔隙压力效应等实验数据对热流固耦合数学模型进行了改进，并以此为基础研究了油页岩原位注热开采的温度场、渗流场和固体变形场的时空演变规律。王国营[108]建立了考虑油页岩各向异性特征的热流固耦合数学模型，并基于此模型开展了针对近水平和急倾斜油页岩矿层的原位注热开采数值实验[138,145]。王国营假设矿层中存在厚度为 0.2 m 的压裂带，压裂带的渗透率极高，是水蒸气流动的主要通道。这种假设忽略了油页岩矿层本身在加热后形成新的裂隙通道对矿层渗透率和加热范围的影响。唐巨鹏[146]研究了油页岩原位注热开采的有效热解范围的时空演变规律。Zhu 等[147]研究了微波原位加热油页岩的油气产物随加热时间的变化规律。Guo 等[148]以吉林农安现场工业试验和数值实验相结合的方式研究了六边形开采区域注浆封闭等工艺的关键技术参数。Guo 等[149]还基于自生热原位加热油页岩方法进行了相关的数值研究。研究发现，自生热原位加热油页岩比原位注氮气加热油页岩的能量回报率高。

1.3 油页岩原位注热开采高效对流加热机理研究主要存在的不足

油页岩原位注水蒸气开采过程中，其传热传质特性直接影响到油页岩矿层的加热速度、加热范围、能量利用率和资源回收率等关键工艺参数。油页岩本身的矿物成分、矿物在空间的分布特征、矿物的热物理化学性质以及油页岩内部的裂隙、孔隙等结构分布特征是影响其传热传质特性的内在因素。油页岩在温度、压力等外部环境作用下发生的一系列物理化学变化是影响油页岩传热传质特性的外在因素。根据前人的研究可知，油页岩在常温下具有低孔隙率、超低渗透率和低热传导率的特征。随着温度的增加，油页岩在热破裂和有机质热解等因素的共同作用下会产生大量孔隙和沿着层理方向分布的裂隙，渗透率也会显著增加。但是，目前已有的研究不足以揭示高温水蒸气作用下油页岩原位高效对流加热机理，还需要针对以下几个方面开展进一步的研究工作。

① 油页岩孔隙、裂隙在水蒸气加热下的充分发育和连通是原位注热开采油页岩高效对流加热的微观基础。在表征油页岩孔隙、裂隙演化方面，前人没有考虑有机质分布及其热解对孔隙和裂隙的影响。事实上，在利用高精度显微CT扫描技术表征油页岩内部的孔隙、裂隙分布情况的同时也可以在微米尺度上观察到有机质团的分布。由于有机质团在CT灰度图上的对应的灰度值大多与孔隙和裂隙对应的灰度值发生重合，因此前人在处理这种CT灰度图时简单地进行二值化，有机质团会直接被识别成孔隙。由此可见，研究并提出针对油页岩高精度CT数字岩芯的三相分割方法是很有必要的。在排除了有机质团对孔隙、裂隙分布特征的影响后才能对不同温度加热后的油页岩孔隙、裂隙分布特征和连通特性有更准确的认识。此外，基于CT数字岩芯分析有机质团随温度的变化规律也有助于评价水蒸气加热油页岩的高效性。

② 前人已开始采用逾渗理论表征油页岩孔隙的连通性，但现有的逾渗理论所得到的逾渗阈值与油页岩的逾渗阈值差异巨大。也就是说，现有的逾渗理论无法直接用于评价和预测油页岩的孔隙、裂隙连通性。因此有必要在经典的座逾渗理论基础上提出一种新的逾渗模型，用以表征油页岩孔隙、裂隙的演化特征并预测其连通性，进一步提高对油页岩孔隙、裂隙各向异性连通性随加热温度的演变规律，从逾渗理论的角度揭示油页岩原位注热开采高效对流加热的微观机理。

③ 在研究油页岩渗透特性方面，已有的研究都是在传导加热的条件下对完

整的油页岩试件进行测试的。但是，油页岩原位注水蒸气开采工艺中，首先要通过压裂的方式制造水蒸气进入矿层的初始通道，也就是说，带裂隙的油页岩在水蒸气加热条件下的渗透特性是影响注水蒸气对流高效加热油页岩矿层的关键因素，有必要对此进行深入研究。

④ 在原位注水蒸气开采油页岩的过程中，水蒸气是如何通过初始的裂隙对两侧的油页岩基质进行加热并产生新的裂隙？水蒸气是否会进入这些新的裂隙进而扩大加热范围？水蒸气有没有可能只沿着初始裂隙流动而形成短路？这些都是影响原位注热高效对流加热油页岩的关键因素。目前为止尚缺乏针对上述问题的系统研究。

⑤ 前人已经基于考虑油页岩各向异性热流固(THM)耦合数学模型研究了原位注热开采过程中的温度场、渗流场和变形场随加热时间的变化规律。然而尚未关注油页岩油气的回收率、能量回报率等关键经济技术指标，尚不能明确回答原位注热开采油页岩的对流加热是否具有高效性，研究结果对工程实践的指导意义十分有限。因此，将不同水蒸气温度加热下的油页岩孔隙连通特性对油页岩基质的渗透率影响规律、裂隙渗透率随温度的变化规律、水蒸气加热油页岩的温度传导规律和不同水蒸气温度加热后油页岩内部有机质分布规律等带入考虑油页岩各向异性特征的固流热耦合数学模型中，研究原位注水蒸气开采油页岩油气的资源回收率、能量回报率和开采周期等关键经济和技术指标是十分有必要的。

1.4 主要研究内容

在原位注水蒸气开采油页岩的过程中，首先需要通过压裂的方式形成高温水蒸气的裂隙渗流通道。高温水蒸气沿着压裂裂隙进入油页岩矿层后，首先加热裂隙面两侧的油页岩。裂隙面两侧的油页岩被加热后发生热破裂形成新的裂隙，高温水蒸气进入这些新生成的裂隙后进一步扩大岩层的加热范围。当油页岩层被加热到有机质热解温度时，有机质发生热解生成油页岩油和可燃气体并由开采井排出地面。上述工艺过程中，高温水蒸气能否顺利地进入油页岩矿层对油页岩进行高效对流加热涉及水蒸气加热条件下油页岩的孔裂隙演化和连通特征、含裂隙油页岩渗透率随水蒸气温度的演化特征、油页岩在高温水蒸气加热条件下的温度场演化特征和原位注热开采油页岩的油气产量、油收率和能量回报率等相互关联的关键因素，它们的耦合关系如图 1－10 所示。因此，本书的研究内容主要包括以下几点：

（1）水蒸气加热下油页岩内有机质和孔隙、裂隙随水蒸气温度的演化规律研究

首先将不同温度的水蒸气加热后的油页岩试件进行高精度 CT 扫描，获得油页岩的数字岩芯，然后结合 Ostu 阈值分割方法和自适应阈值分割方法提出一种用于区别油页岩 CT 数字岩芯中固体基质、有机质团和孔裂隙的三相分割方法。利用该三相分割方法获得不同水蒸气温度加热后油页岩内部的孔隙裂隙和有机质团的分布情况。最后分析揭示高温水蒸气加热条件下油页岩内部水蒸气流动通道和干酪根热解产物运移通道的形成和演化特征，揭示高温水蒸气高效对流加热油页岩的微观机理。

（2）考虑孔隙分布特征和裂隙各向异性的油页岩座逾渗规律数值研究

在经典的座逾渗理论基础上引入一个孔隙分布特征影响因子 m，提出一种全新的晶格填充方法，在充分考虑孔隙的形状和位置的随机性的前提下利用该方法生成具有不同孔隙分布特征的三维多孔介质，并以此为基础从孔隙层面揭示油页岩等天然多孔介质逾渗阈值低于经典的座逾渗模型的逾渗阈值的原因。然后在上述多孔介质模型中加入各向异性裂隙，建立起考虑孔隙分布特征和裂隙各向异性的孔隙-裂隙双重介质模型并研究其逾渗规律。结合真实的油页岩 CT 数字岩芯研究油页岩孔隙、裂隙的各向异性逾渗规律，从逾渗理论的角度揭示油页岩原位注热开采高效对流加热过程得以实现的微观基础。

（3）过热水蒸气加热条件下油页岩的裂隙渗透特征演变规律

利用改进的高温三轴稳态法渗透测试系统，研究单裂隙油页岩平行层理方向上高温水蒸气过裂隙面加热条件下的渗透规律。利用形貌扫描仪获得油页岩裂隙面三维形貌特征，利用 CT 设备获得渗透测试前后油页岩试件内部的孔隙裂隙分布情况。最后综合分析高温水蒸气过裂隙面加热条件下预制裂隙油页岩渗透率随水蒸气温度的演变机理。

（4）过热水蒸气加热条件下油页岩温度场时空演变规律

利用太原理工大学自主研制的可视化高温水蒸气高效加热油页岩试验系统研究水蒸气过预制裂隙面加热油页岩的温度场演变规律，探究水蒸气作用、热破裂对温度传导的相互促进机制，揭示水蒸气加热条件下的油页岩对流-传导复合高效加热机理。

（5）原位注过热水蒸气高效加热开采油页岩的数值研究

结合(1)～(4)的研究结果并参考前人的相关研究成果，将不同水蒸气温度

加热下的油页岩孔隙率和孔隙连通特性对油页岩基质的渗透率影响规律、裂隙渗透率随温度的变化规律、水蒸气加热油页岩的温度场变化规律和不同水蒸气温度加热后油页岩内部有机质分布规律等带入考虑油页岩各向异性特征的固流热耦合数学模型中，以新疆巴里坤油页岩赋存特征为模型背景，利用 Comsol Multiphysics 软件研究不同预制裂隙条数和贯通裂隙演化模式下油页岩矿层温度场变化规律、油气回收率和能量回报率等关键经济和技术指标，为油页岩原位注水蒸气开采的工业实践提供关键技术指标参考。

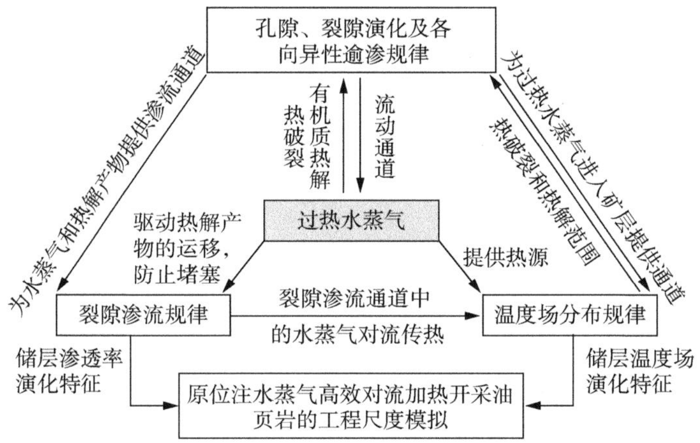

图 1-10　过热水蒸气作用下油页岩的传热传质特征耦合关系示意图

第 2 章　油页岩内有机质和孔隙、裂隙随水蒸气温度变化的演化规律研究

2.1　油页岩试件、实验设备与实验方法

2.1.1　油页岩试件

本章实验的油页岩试件取自新疆巴里坤油页岩露天矿，其基本物性参数见表 2 - 1[36]。为了尽量降低由于不同位置油页岩含油率等的波动对实验结果的影响，本章实验所用的 7 个圆柱形油页岩试件（ϕ9 mm×12 mm）和用于热重实验的油页岩粉末均取自同一块油页岩的同一沉积层，如图 2 - 1 所示。图 2 - 1(a)为油页岩块，图 2 - 1(b)为从油页岩块中取出来研磨加工后的油页岩粉末，图 2 - 1(c)为从油页岩块中用纱线切割机切下来的圆柱形油页岩试件。在用纱线切割机制取油页岩的圆柱体试件时，尽量沿着平行层理方向制取。

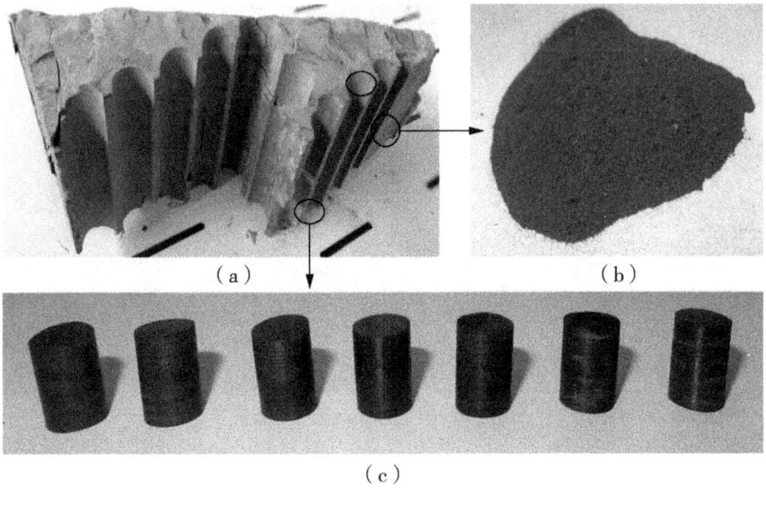

图 2 - 1　油页岩试件

表 2 - 1　新疆巴里坤油页岩的基本物性参数[36]

分析参数	工业分析				格金法低温干馏			
	水分 M_{ad}	灰分 A_d	挥发分 V_d	固定碳 FC_d	水分产率 W_{ad}	半焦产率 CR_{ad}	含油率 T_{ad}	气体产率及损失
比例/%	1.36	74.82	18.48	6.70	3.12	85.58	9.25	2.05

2.1.2　实验设备与实验方法

（1）热重分析实验

热重分析实验(Thermo Gravimetric Analysis，TGA)能够准确地记录被测试件的质量随温度的变化量，进而获得被测试件的热稳定性等参数[150]。对于油页岩来说，热重分析实验可以用来确定有机质剧烈热解的精确温度范围。设计热重分析实验的目的是佐证基于本章提出的三相分割方法得到的有机质聚集团体积分布及其随水蒸气温度变化的正确性。在本次热重分析实验中，油页岩试件在氮气气氛下，以 10 ℃/min 的升温速率将温度提高到 800 ℃。

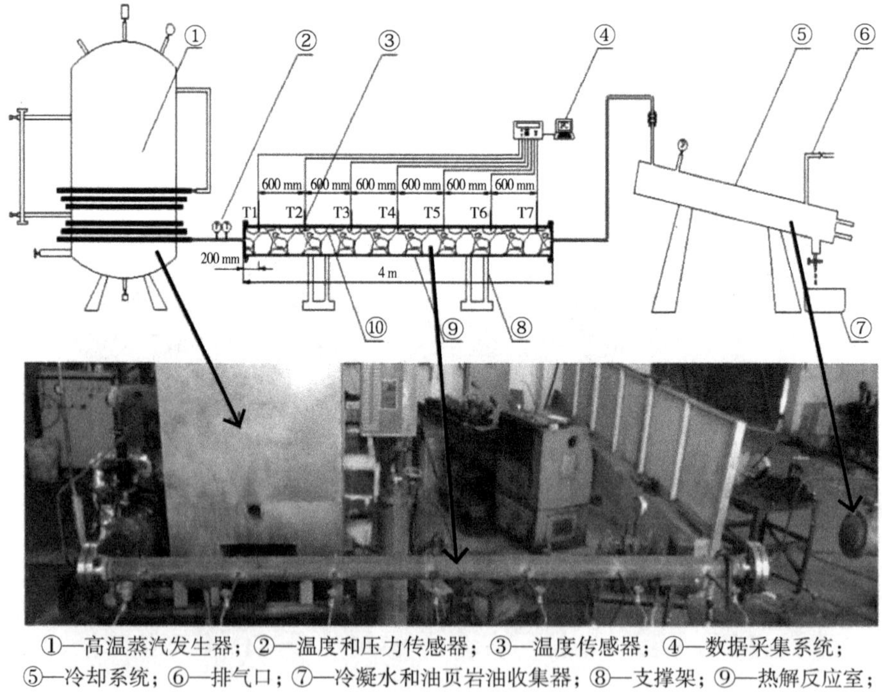

①—高温蒸汽发生器；②—温度和压力传感器；③—温度传感器；④—数据采集系统；⑤—冷却系统；⑥—排气口；⑦—冷凝水和油页岩油收集器；⑧—支撑架；⑨—热解反应室；⑩—油页岩试样。

图 2 - 2　高温水蒸气热解油页岩实验系统

(2) 高温水蒸气热解油页岩实验

过热水蒸气热解实验装置由蒸汽发生器、热解反应室、数据采集系统和冷却系统组成,如图 2-2 所示。高温蒸汽发生器能够将水蒸气加热到 600 ℃以上。热解反应室总长度为 4 m,沿其长度设置有 7 个温度传感器用于监测反应室内部不同位置的温度。进行油页岩热解实验时,首先将 6 个圆柱形油页岩试件放置在热解反应室内不同的位置。在热解实验开始时,温度高于 600 ℃的水蒸气从入口端进入反应室,并沿反应室流向出口端。由于热量的损失,热解反应室内从水蒸气入口端到出口端温度逐渐降低,最终各个油页岩试件被加热的温度分别为 314 ℃、382 ℃、452 ℃、511 ℃、534 ℃和 555 ℃。这种热解方法保证了每个试件的加热时间相同(12 h)。

(3) 显微 CT 实验

CT 实验采用三英公司的 NanoVoxel-3000 CT 实验系统(图 2-3)进行。本次扫描的具体参数:扫描工作电压为 100.0 kV,扫描工作电流为 60.0 μA,曝光时间为 0.18 s,得到的 CT 灰度图像像素大小为 3.6 μm×3.6 μm。用于 CT 扫描的油页岩试件包括 6 个被高温水蒸气加热后的圆柱形试件和 1 个未被高温水蒸气加热的圆柱形试件。

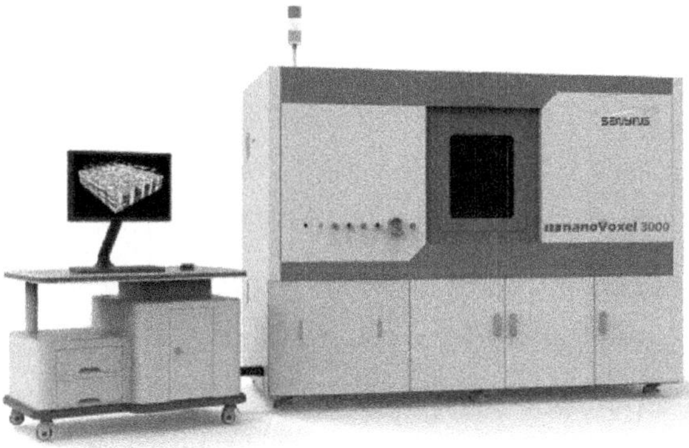

图 2-3　NanoVoxel-3000 CT 实验系统

2.2　油页岩数字岩芯的预处理及最小表征体积单元的确定

在油页岩试件制备的过程中,由于对油页岩层理方向的识别不够精确,可能会导致油页岩的层理方向不是完全平行或者垂直于油页岩柱状试件的轴心。

另外，通过 CT 扫描得到的油页岩数字岩芯的坐标平面往往不能够做到与油页岩的沉积层理面平行。如果不能有效地消除这种角度误差，将会对油页岩的孔隙、裂隙连通性以及迂曲度和渗透率等特性参数造成误判。基于上述原因，我们首先对油页岩的数字岩芯进行了三维左边旋转。旋转的原则是尽量使油页岩的沉积层理面与三维坐标系统的 *XOZ* 平面平行，如图 2-4 所示。

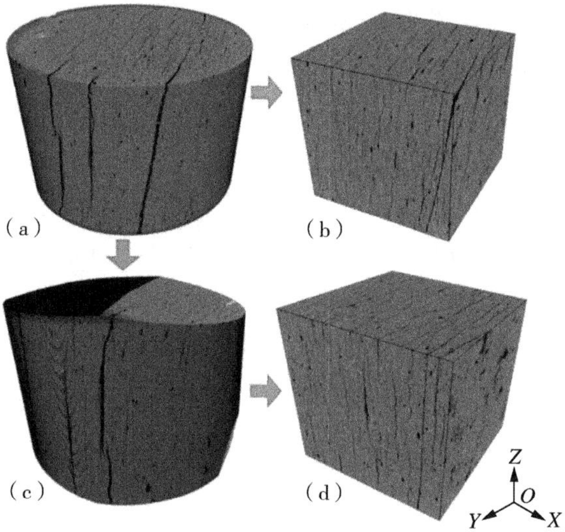

图 2-4　油页岩数字岩芯的三维坐标旋转示意图

研究区域大小的选取将直接影响到研究结果的可信度和代表性。为了确定油页岩数字岩芯的最小表征体积单元（Representative Elementary Volume, REV），从每个油页岩的数字岩芯中依次截取 15 个边长为 100、200、300、…、1 500 像素的数字岩芯，如图 2-5(a)所示。然后分别计算这些数字岩芯的孔隙率，如图 2-5(b)所示。从图 2-5(b)可以看出，无论水蒸气温度是多少，当数字岩芯的边长 L 大于 1 000 像素时，所有数字岩芯的孔隙率都趋于稳定。这意味着当研究区域的边界长度大于等于 1 000 像素时，研究区域就达到了最小表征体积单元，基于这样的研究区域所获得的研究结果就具有代表性。为确保本书所选取的研究区域的大小达到了最小表征体积单元，从每一个油页岩数字岩芯中随机截取了 4 个大小为 $1\ 500^3$ 像素的研究区域进行后续的研究。

用 NanoVoxel-3000 CT 实验系统获得的油页岩数字岩芯的灰度范围为 0～65 535。从图 2-6(a)可知，本次扫描得到的 CT 灰度图虽然比较清晰，但整

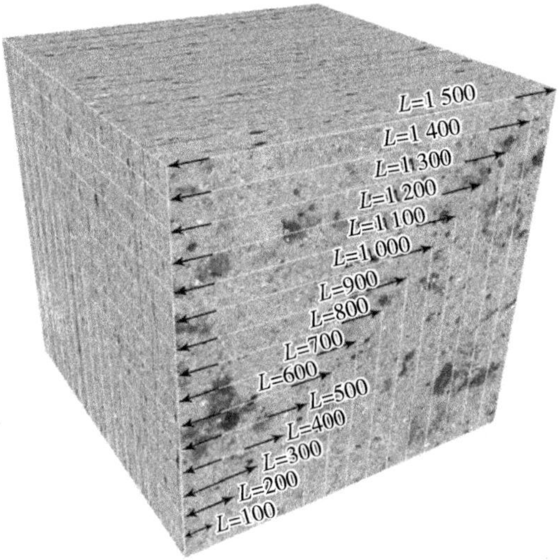

（a）截取不同尺寸的研究区域

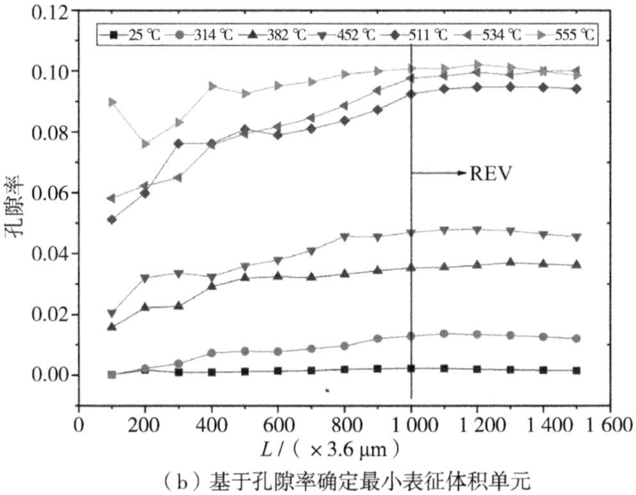

（b）基于孔隙率确定最小表征体积单元

图 2-5 油页岩数字岩芯的最小表征体积单元确定方法示意图

体较暗，严重影响了内部结构的识别。从图 2-6(c)可以发现，本次扫描得到的CT 图像的灰度值主要集中在 1 000～7 500，也就是说，图像的整体灰度值偏低，而且较为集中。为了提高 CT 图像的整体亮度并增强对比度，本书首先对原始的 CT 图像进行强度调整。具体调整方法为：将原始 CT 图像中灰度值低于 1 000 的像素的灰度值设为 0；将原始 CT 图像中灰度值大于 10 000 的像素的灰度值设为 65 535；将原始 CT 图像中灰度值介于 1 000 到 10 000 之间的像素的灰度值按照比例缩放在 0～65 535 之间。从图 2－6(d)可以看出，经过调整后，图像的亮度和对比度都得到了增强。但是对比图 2－6(e)和图 2－6(f)可以看出，这种调整并没有改变原始图像的基本特征。需要说明的是，本次调整灰度值分布范围所选取的像素灰度值的下限为 1 000，上限为 10 000。这样选取并没有破坏图像的基本信息，因为原始 CT 图像中灰度值大于 10 000 或小于 1 000 的像素数量极少，对全局的影响可以忽略。

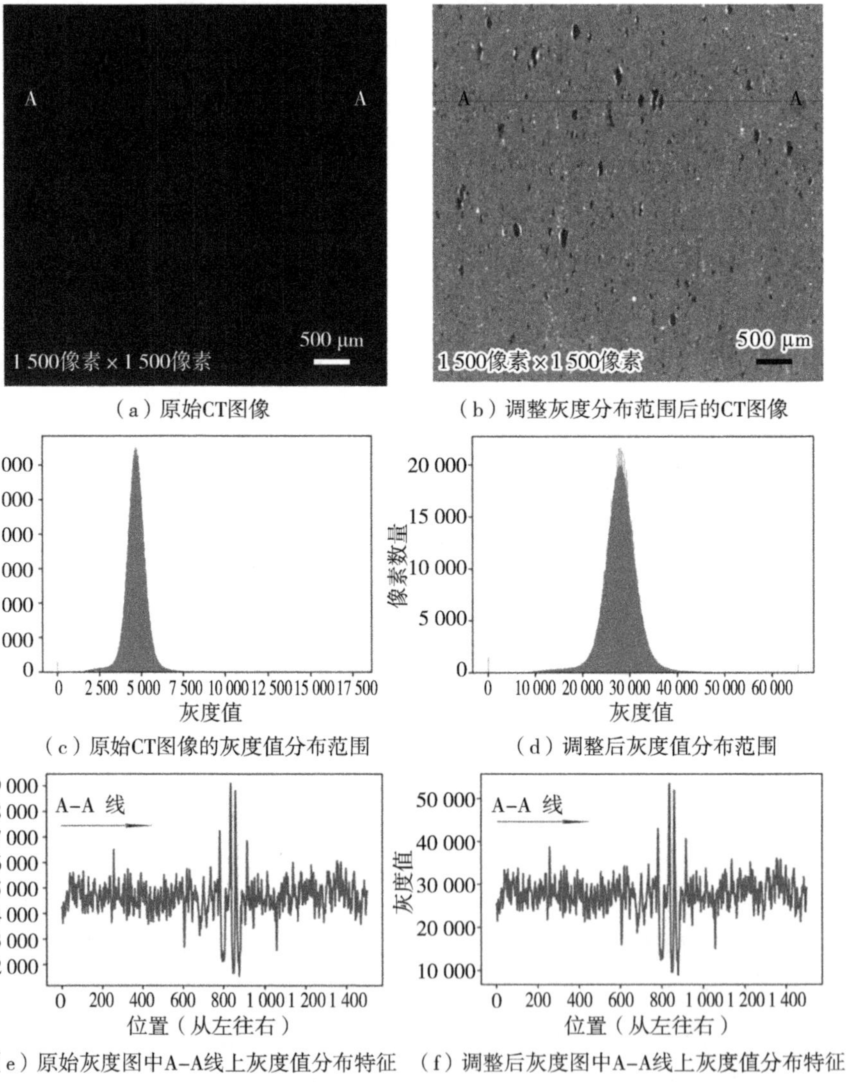

（a）原始CT图像　（b）调整灰度分布范围后的CT图像

（c）原始CT图像的灰度值分布范围　（d）调整后灰度值分布范围

（e）原始灰度图中A-A线上灰度值分布特征　（f）调整后灰度图中A-A线上灰度值分布特征

图 2－6　油页岩 CT 图像的灰度分布范围调整示意图

2.3　基于油页岩CT灰度图的三相分割方法

CT图像中灰度值的大小与物质密度直接相关，灰度值越高（在图像中显得越亮）代表物质密度越高[151]。因此，合理地选择灰度阈值，理论上可以实现灰度图像中不同密度物质的分离。前人[152-153]基于CT灰度图对油页岩热解特性进行了大量的研究。然而，此类研究通常只关注油页岩内部孔隙和裂隙的分布，而没有考虑油页岩内部有机质的分布。

基于CT灰度图像分割油页岩内部低密度的有机质聚集团和孔隙、裂隙的难点在于确定合适的灰度阈值。从图2-7(b)和图2-7(c)可以看出，由于有机质聚集团的密度较低，其灰度值与裂隙的灰度值发生了部分重叠。因此，传统的二值化方法（如Otsu方法[154]和分水岭算法[155]等）都无法有效地区分图像中孔裂隙与有机质聚集团。也就是说，没有明确的灰度值阈值可以有效分离孔隙、裂隙和有机质聚集团。为了克服这一问题，本书提出了一种基于油页岩CT图像的三相分割方法，具体步骤如下：

第一步：基于Otsu[154]方法对原始的油页岩CT灰度图像进行二值化，得到图2-7(d)。图2-7(d)中白色区域代表固体基质，二值化处理后的灰度值为1，黑色区域代表孔隙或裂隙，二值化处理后的灰度值为0。该方法会同时将低密度的有机质聚集图（低灰度值）识别为孔隙或裂隙，因此不能准确地获得孔隙和裂隙的分布情况。正如前面提到的，油页岩CT图像中一些小裂隙的灰度值与有机质聚集图的灰度值发生重叠[图2-7(b)和图2-7(c)]，因此不存在能够将有机质聚集团与孔隙、裂隙有效区分开的灰度阈值。为了有效识别CT图像中的有机质聚集团，需要对CT图像进行进一步处理。

第二步：基于自适应阈值分割方法对原始的油页岩CT图像进行二值化处理，得到图2-7(e)。该方法根据局部的灰度值差异进行图像分割，由滤波器的大小（用于计算阈值的像素邻域的大小，一般为奇数）决定局部区域的大小。在本书的二值化过程中，滤波器的大小为31个像素。为方便理解，这里对自适应阈值分割方法进行简要介绍。在利用自适应阈值分割方法进行二值化处理过程中，CT图像中每个像素被识别成0还是1由以下公式决定：

$$\mathrm{dst}(x,y)=\begin{cases}1 & \text{当 } \mathrm{sgi}(x,y)>T(x,y)\\ 0 & \text{其他}\end{cases} \tag{2-1}$$

式中，$\mathrm{sgi}(x,y)$为原始CT图像（单通道图像）在像素点(x,y)处的灰度值；

dst(x,y) 为与原始 CT 图像相同大小、相同类型的目标图像中像素点(x,y) 处的灰度值；$T(x,y)$ 为局部灰度阈值，定义为以像素点(x,y) 为中心的滤波器大小邻域的灰度均值。

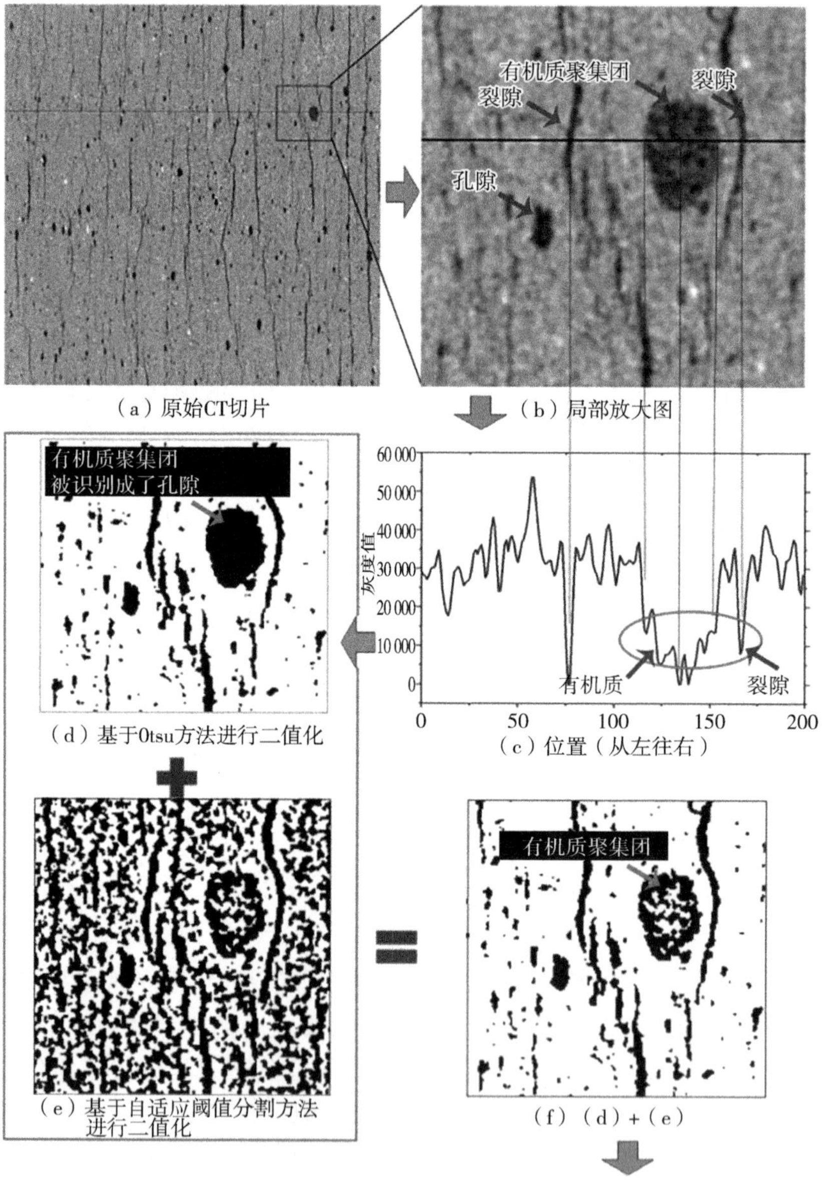

图 2-7　基于油页岩 CT 图像的三相分割方法示意图

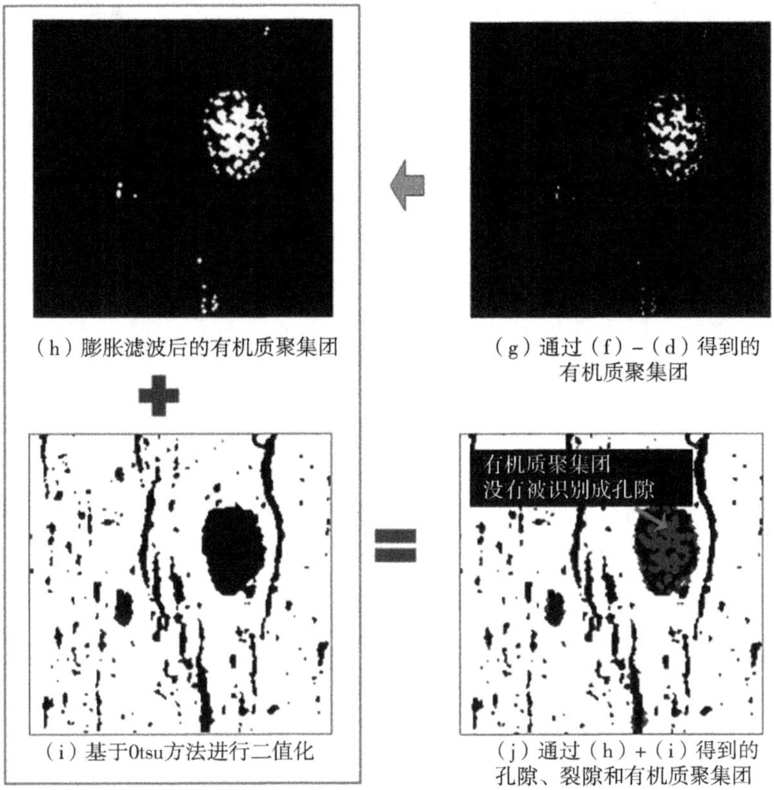

（h）膨胀滤波后的有机质聚集团

（g）通过（f）-（d）得到的有机质聚集团

（i）基于Otsu方法进行二值化

（j）通过（h）+（i）得到的孔隙、裂隙和有机质聚集团

图 2-7　（续）

这种二值化方法将所有存在灰度差异的区域都识别为孔隙或者裂隙，从而避免了有机质聚集团被直接识别为孔隙。由于固体基质与有机质聚集团的边界区域的灰度值存在较大差异，因此这种边界区域将会被识别为孔隙，从而将有机质聚集团与固体基质区分开来。这是区分有机质聚集团与孔隙、裂隙的关键。此外，由于滤波器的大小为 31 个像素，使得这种二值化方法能够将所有孔隙和裂隙识别出来，但同时也将一些不是孔隙或裂隙的位置识别成了孔隙裂隙，这是后续步骤需要处理的一个问题。

第三步：将第一步得到的图 2-7(d)与第二步得到的图 2-7(e)进行叠加，按照 0＋0＝0、0＋1＝1、1＋1＝1 的原则得到图像在每个像素处的新的灰度值。通过这一步骤，可以初步识别孔隙和裂隙，如图 2-7(f)所示。然而，根据第二步中滤波器的大小，有机质聚集团的边缘被识别为孔隙，因此需要进一步处理来消除误差。

第四步：根据 0－0＝0、1－0＝1、1－1＝0 的原则，将第三步得到的图 2－7(f)与第一步得到的图 2－7(d)相减，得到图 2－7(g)。上述图像相减没有出现 0－1 的情况是因为第二步的叠加确保了图 2－7(f)中灰度值为 1 的位置完全包含图 2－7(d)中灰度值为 1 的位置。通过这一步可以得到有机质聚集团的初步分布，如图 2－7(g)所示。

第五步：对第四步得到的有机质聚集团分布图像进行膨胀滤波。通过这一步处理，可以将二值化图像中白色区域的边缘进行扩展，以抵消第二步自适应阈值分割造成的有机质聚集团体积分布误差，从而得到更准确的有机质聚集团分布，如图 2－7(h)中的白色部分所示。

第六步：根据 0＋0＝0，0＋1＝1，1＋1＝1 的原则，将第五步得到的图 2－7(h)与第一步得到的图 2－7(i)叠加得到图 2－7(j)。在图 2－7(j)中，黑色、白色和灰色部分分别代表空隙空间（孔隙或裂隙）、固体基质和有机质聚集团。这一步的主要目的是确定孔隙和裂隙的分布。

2.4 不同温度水蒸气加热后油页岩内部有机质团的分布特征

2.4.1 不同温度的高温水蒸气加热后油页岩内部的有机质和孔裂隙分布特征

图 2－8 展示的是不同温度水蒸气热解后油页岩的 CT 图像（其中包括一个没有被加热处理的油页岩 CT 图像作为对照）。从图 2－8(a)可以看出，油页岩在室温(25 ℃)下非常致密和完整，在本书 CT 图像的研究尺度内没有观察到裂隙的分布，但是含有许多近似椭圆形的低密度物质，大小从几十微米到几百微米不等。当温度高于 500 ℃时，如图 2－8(e)～图 2－8(g)所示，这些椭圆形团簇中的物质几乎全部消失，形成了椭圆形的孔隙。因此，可以推断这些低密度的椭圆状物质是有机质聚集团，这些有机质在高温水蒸气加热下发生了热解，热解产物排出后形成了椭圆形的孔隙。如图 2－8(b)所示，经过 314 ℃的水蒸气加热后，油页岩内部的有机质聚集团仍然很完整，但是已经有少量裂隙沿沉积层理方向分布。上述现象表明，油页岩内部的有机质聚集团在 314 ℃时虽然还没有开始热解，但油页岩已经发生了热破裂，大大提高了油页岩的渗透率，这有利于高温水蒸气进入油页岩矿层并进一步扩大加热范围。382 ℃的高温水蒸气加热后，油页岩内部的裂隙进一步发育，有机质聚集团内部出现了少量的孔

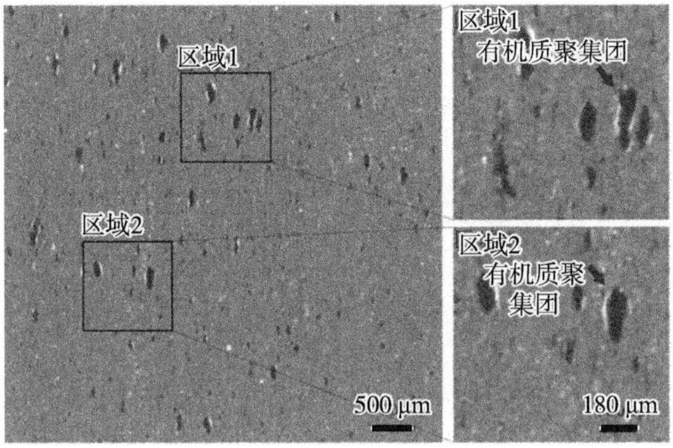

（a）25 ℃

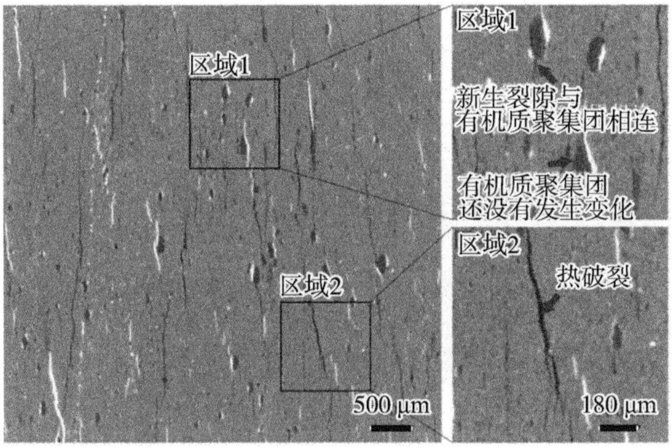

（b）314 ℃

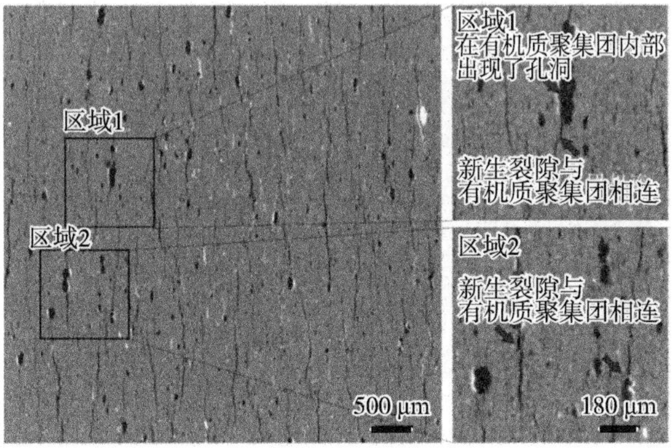

（c）382 ℃

图 2－8　不同温度的水蒸气加热后油页岩 CT 切片

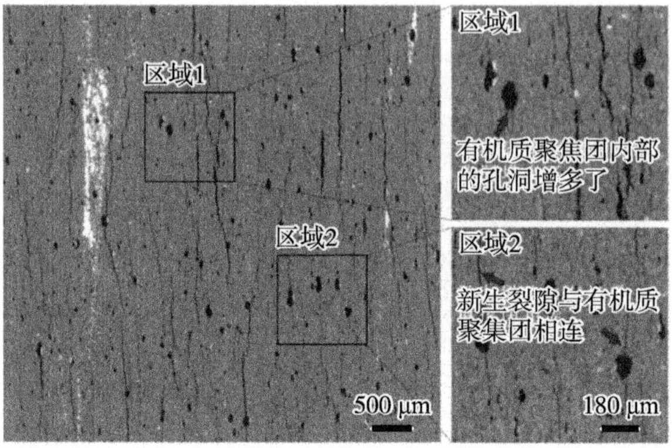

(d) 452 ℃

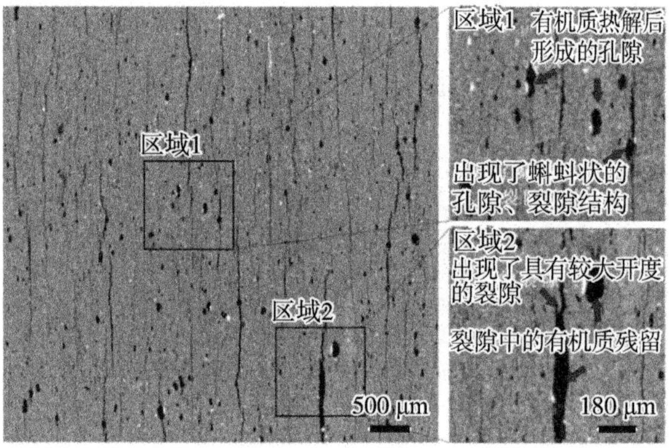

(e) 511 ℃

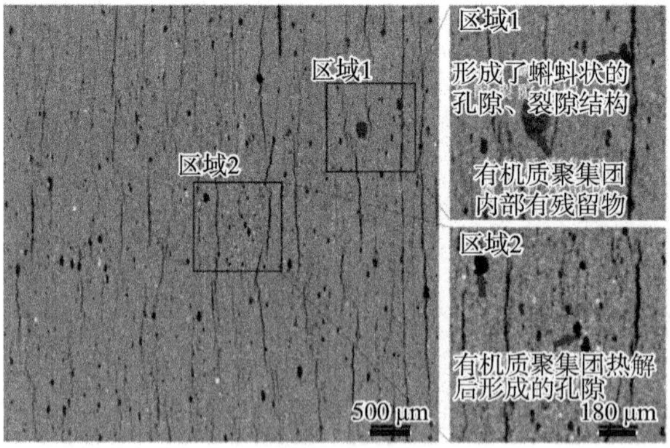

(f) 534 ℃

图 2-8 (续)

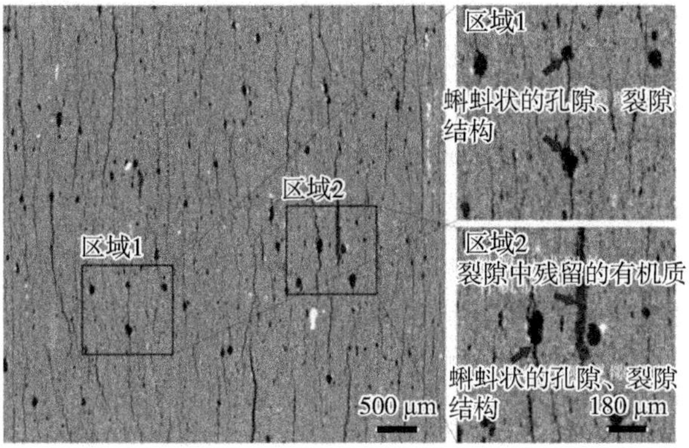

(g) 555 ℃

图 2-8 （续）

洞,表明有机质的热解已经开始,如图 2-8(c)所示。部分有机质聚集团和裂隙相连,说明热解过程中产生的局部拉应力促进了裂隙的产生和扩展。这些裂隙的进一步发展有利于高温水蒸气的进入和热解产物的外排。在 452 ℃的高温水蒸气加热后,有机质聚集团中的孔洞进一步增多变大,如图 2-8(d)所示。在 511 ℃以上,有机质聚集团热解形成大量的孔隙,大部分孔隙与裂隙相连,形成了蝌蚪状的孔隙-裂隙结构,如图 2-8(e)、图 2-8(f)和图 2-8(g)所示。表明油页岩内部的大部分有机质已经热解并排出。但是,在一些孤立的孔隙中仍然有少量的有机质残留,如图 2-8(f)中区域 1 所示,这是由于这些孔隙中的热解产物没有及时排出,一旦停止加热,部分高熔点物质又会重新凝固并滞留在这些孔隙内。此外,在部分裂缝中也发现了低密度的物质残留,如图 2-8(g)中区域 2 所示,这可能是由于在停止加热后,部分流动性较差的热解产物没有及时排出并重新凝固所致。

根据 Campbell 等[9]的研究结果(图 2-9),当油页岩受热时,油页岩中的干酪根首先转化为沥青。在这个过程中,会释放出少量的二氧化碳和氢气。从图 2-8(b)和图 2-8(c)可以看出,油页岩在 314 ℃的水蒸气加热后就产生了裂隙。当然,由于本书中油页岩试件加热温度范围的限制,缺少了对常温(25 ℃)到 314 ℃的油页岩试件的分析,这并不表示油页岩是到 314 ℃才出现裂隙。当温度达到 382 ℃时裂隙进一步增加,这可能是由于干酪根转化为沥青的过程中气体的释放,在油页岩中造成了局部拉应力,促进了裂隙的发展。随着沥青被进一步加热(350～500 ℃),沥青开始发生热解并释放出液态和气态碳氢化合物，以及 H_2、CO、CO_2 等气体产物。此时，油页岩内部的有机质残留主要是碳质残渣(半焦)，随着温度的进一步升高，这些碳质残渣也会进一步热解。这与图 2－8(c)到图 2－8(e)中有机质聚集团内的残留物随温度的变化是一致的。当温度高于 500 ℃时，油页岩内部的碳质残渣进一步热解生成 H_2、CH_4、H_2S、NH_3 等气体。Campbell 等[9]的研究结果表明，当温度高于 500 ℃时，气体的释放量减少，并随着温度的升高而进一步减少。从图 2－8(e)～图 2－8(g)可以看出，在此温度范围内，油页岩内部的大部分有机质聚集团发生了热解，形成了大量孔隙。然而，少量的低密度物质残留在了这些孔隙和部分裂隙中。作者推测这些残留的低密度物质就是 Campbell 等所提到的碳质残渣，这些碳质残渣仍然具有复杂的化学结构。

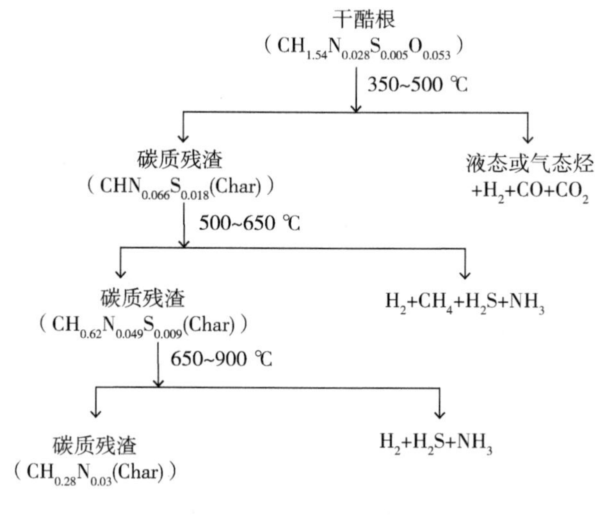

图 2－9　Colorado 油页岩的热解机理示意图[9]

2.4.2　不同温度水蒸气加热后油页岩内部的有机质聚集团分布规律

基于前面提出的三相分割方法可以通过 CT 图像识别出油页岩内部的有机质聚集团。利用该方法得到不同温度水蒸气加热后油页岩内部有机质聚集团的分布情况，如图 2－10 所示。由图可知，从室温(25 ℃)到 382 ℃，油页岩内部的有机质聚集团几乎没有发生变化。随着温度从 382 ℃升高到 511 ℃，油页岩内部的有机质聚集团迅速减少，之后随着温度进一步升高，油页岩内部的有机质聚集团分布极少。该结果与 2.5.1 中直接观察 CT 灰度图得到的结果一致。

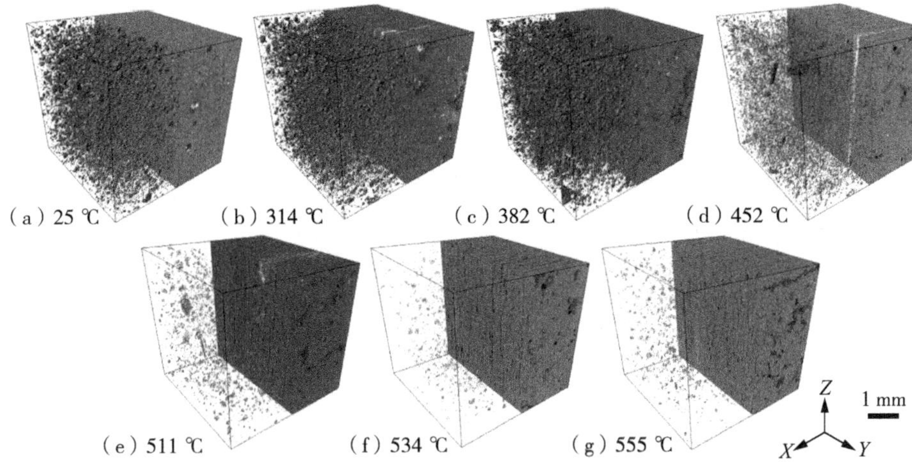

图 2-10　不同温度水蒸气加热后油页岩内部的有机质聚集团分布特征

图 2-11 展示的是孔隙率与有机质体积百分数随水蒸气温度变化的关系曲线。应该注意的是，本书研究的油页岩 CT 图像的像素大小是 3.6 μm×3.6 μm。即本书的 CT 图像能够识别的有机质聚集团的尺寸大于 3.6 μm×3.6 μm，这也导致识别出来的有机质聚集团体积百分数小于油页岩内部真实的有机质聚集团体积百分数。为了克服这一缺陷，研究人员[156]结合多种观测方法来研究纳米尺度的有机质分布情况。但是，从图 2-8 可以看出，某些有机质聚集团的尺寸在 10～200 μm 量级。利用扫描电镜(SEM)或聚离子束透射电镜(FIB-SEM)等设备来表征纳米尺度上的有机质分布特征时，观测范围非常小。如果没有正确选择研究区域，则获得的有机质分布特征也不会具有代表性[157]。根据 2.2 节的分析可知，在研究区域的大小达到 1 000^3 像素时得到的分析结果具有代表性。因此，从每个原始的数字岩芯中随机截取了 4 个尺寸为 1 500^3 像素的区域进行分析。结果如图 2-11 所示。

由图 2-11 可知，在本书研究的尺度内(>3.6 μm)，油页岩在室温时(25 ℃)孔隙率仅为 0.149%，有机质聚集团的体积百分数为 4.29%。当用于加热油页岩的水蒸气温度达到 314 ℃时，孔隙率增加到 1.12%，而有机质聚集团的体积百分数基本保持不变，为 4.18%，此时裂隙的产生是孔隙率增加的主要原因。当水蒸气温度达到 382 ℃时，孔隙率增加到 4.23%，有机质聚集团的体积百分数略有下降，为 3.96%。忽略不同油页岩试件含油率的波动，可以认为

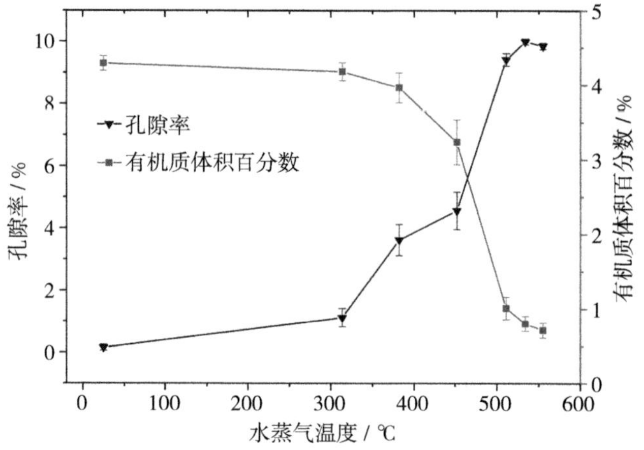

图 2-11　孔隙率有机质聚集团的体积百分数随水蒸气温度的变化关系曲线

此时油页岩中有机质热解量仍然很小，而孔隙率的显著增加表明岩石中裂隙进一步发育。在 452 ℃时，孔隙率增加到 4.56%，有机质聚集团的体积百分数下降到了 3.24%。在 511 ℃时，孔隙率达到了 9.41%，有机质聚集团的体积百分数下降到了 1.01%，说明有机质在该温度范围内发生了快速热解。热解产物的外排导致新孔隙的形成，这是在该温度范围内孔隙率迅速增加的主要原因。随后，在 534 ℃和 555 ℃时，孔隙率基本稳定在 10%左右，有机质聚集团体积百分数分别降至 0.80%和 0.71%。说明当温度高于 511 ℃时，仅在孤立的孔隙或裂隙中有少量的有机质残留。

随着水蒸气温度的升高，孔隙率的增幅大于有机质聚集团体积百分数的减小。这是因为随着水蒸气温度的升高，油页岩中由于矿物颗粒的不均匀膨胀而产生热应力并形成了一系列沿沉积层理面分布的裂隙。有机质热解形成的孔隙与热破裂形成的裂隙共同构成了油页岩内部的空隙空间。

为了验证通过 CT 图像得到的有机质聚集团分布的准确性，对同一批油页岩试件进行了热重分析，结果如图 2-12 所示。从图 2-12 可以看出，油页岩失重过程可分为三个阶段。第一阶段为 25～100 ℃，该阶段油页岩的失重率为 1.2%，主要是油页岩内部游离水和束缚水受热析出所致。此外，油页岩在 100 ℃左右会发生石膏脱水，这两个原因共同构成了此阶段的油页岩失重。第二阶段为 400～550 ℃，失重率为 10.4%，该阶段对应油页岩中有机质的主要热解区间，热解产生的油气产物排出后造成了大量的质量损失。第三阶段为高于

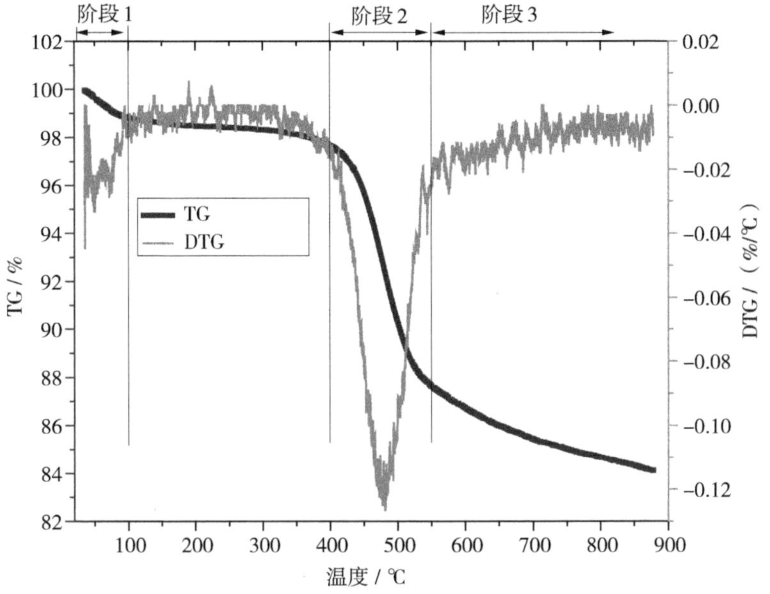

图 2-12　新疆巴里坤油页岩热重曲线

550 ℃，少量的有机质残留在此阶段发生进一步热解。此外，碳酸盐和一些黏土矿物等无机成分的分解也导致油页岩在此阶段失重。油页岩热重分析的结果与图 2-11 中相同温度区间有机质聚集团的体积百分数变化趋势一致，说明油页岩快速热解区间为 400～550 ℃，上述结果也表明本书提出的三相分割方法是有效的。

2.5　不同温度水蒸气加热后油页岩内部孔隙、裂隙分布特征和连通特性

2.5.1　不同温度水蒸气热解后油页岩内部孔隙、裂隙分布基本特征

油页岩中孔隙和裂隙是有机质热解产物运移的主要通道。另外，用高温水蒸气作为热载体对油页岩进行原位加热时，水蒸气能否顺利地进入油页岩矿层将直接影响到加热的时间、范围和资源回收率等。图 2-13 展示的是不同温度的水蒸气加热后油页岩内部孔隙和裂隙的分布情况。为了便于区分，不同的孔隙和裂隙被渲染成了不同的颜色。由图 2-13(a)可知，在 25 ℃时油页岩中仅

存在微小的孔隙，在本书的研究尺寸内没有观察到裂隙的分布。在 314 ℃的高温水蒸气加热后油页岩内部出现了裂隙，这些裂隙沿油页岩的沉积层理面分布，贯穿了整个研究区域，如图 2-13(b)所示。随着水蒸气温度的进一步升高，油页岩中沿沉积层理面分布的贯穿裂隙的数量显著增加，如图 2-13(c)～图 2-13(g)所示，这导致油页岩平行于沉积层理方向渗透率的增加[43]。此外，平行于沉积层理方向的裂隙由有机质聚集团的热解产生的孔隙连接，使得孔隙-裂隙结构沿着垂直于沉积层理的方向扩展，这导致垂直层理方向上渗透率的增加。上述研究结果表明，在水蒸气加热条件下，油页岩内部孔隙和裂隙充分发育，有利于过热水蒸气渗透到油页岩中对油页岩进行高效加热，同时也保证了热解产物的顺利排出。

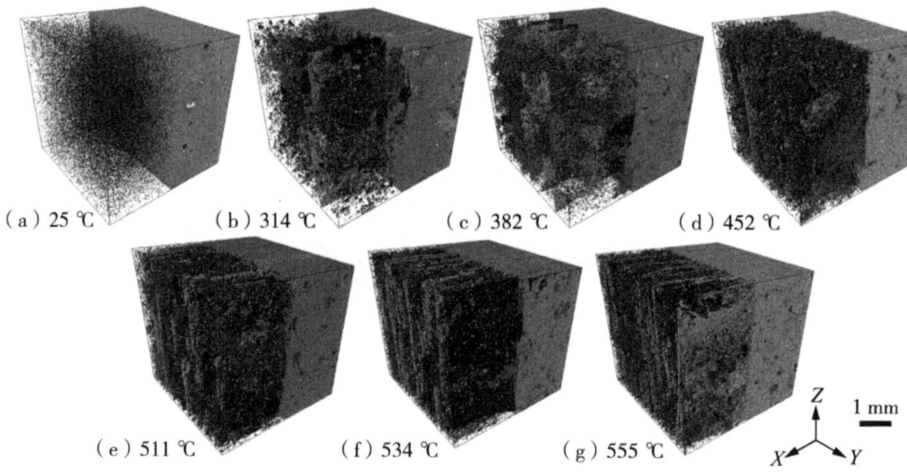

图 2-13　不同温度水蒸气加热后油页岩内部的孔隙和裂隙三维分布图

在前文提到，油页岩内部的有机质聚集团在发生热解后会形成椭圆状的孔隙，部分裂隙与这类孔隙相连，形成了特殊的蝌蚪状孔隙-裂隙结构。为了对有机质聚集团热解和孔裂隙演化的特点进行深入的分析，此处对常温下的有机质聚集团和 555 ℃高温水蒸气热解后油页岩内部的孔隙、裂隙的球形度进行了统计，统计结果如图 2-14 所示。为方便理解，这里对球形度的计算方法和意义进行简要说明。球形度是用来描述一个三维物体近似球体的程度的一个指标，计算方法如下：

$$\Psi=\frac{\pi^{\frac{1}{3}}(6V)^{\frac{2}{3}}}{A} \tag{2-2}$$

式中，V 是研究对象的体积；A 是研究对象的表面积。

从式(2-2)可以看出，当研究对象为标准球体时，球形度为 1，其他形状的物体的球形度都小于 1，而且形状越不规则，球形度越小。

从图 2-14 可以得出，常温下油页岩内部的有机质聚集团的球形度分布范围十分广泛，在 0～0.8 范围内均有。当有机质聚集团的等效直径大于 50 μm 时，球形度大都大于 0.2，且有相当一部分有机质聚集团的球形度高于 0.5。当经过 555 ℃的高温水蒸气加热后，油页岩内部的孔隙、裂隙的球形度则普遍偏低。球形度最大在 0.3 左右，此时的孔隙、裂隙的等效孔隙直径约为 50 μm 左右。随着孔隙、裂隙的等效孔隙直径的增加，其球形度逐渐减小，当等效孔隙直径大于 100 μm 后，球形度基本小于 0.1。上述结果可以表明有机质聚集团的形状和其热解后形成的孔隙的形状差异巨大，这也是 555 ℃的高温水蒸气加热后油页岩内部的孔隙、裂隙的球形度基本都不超过 0.3、而常温下有机质聚集团的球形度最大能达到 0.8 的原因。在前面的分析中发现，油页岩内部的有机质聚集团热解形成的孔隙与部分裂隙相连，形成了蝌蚪状的孔隙-裂隙结构，这种孔隙-裂隙结构的比表面积极大，故其球形度极低。

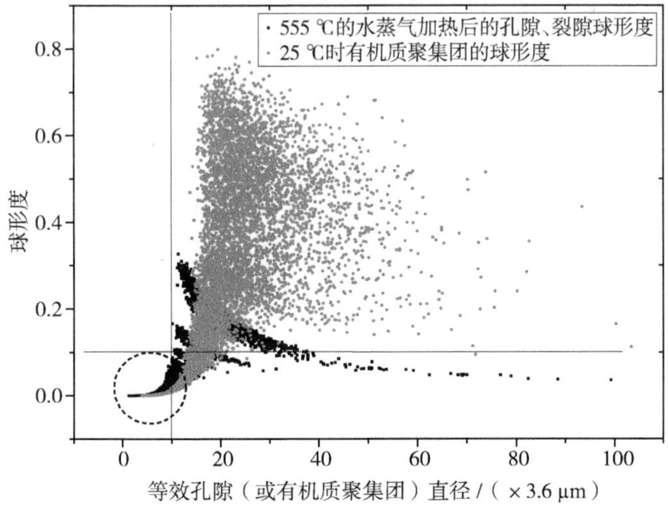

图 2-14　有机质聚集团和孔隙、裂隙的球形度分布规律

2.5.2 不同温度的水蒸气加热后油页岩孔隙、裂隙数量分布特征

图 2-15 展示的是不同温度的水蒸气加热后，油页岩内部的孔隙、裂隙数量分布特征随等效孔隙直径的变化曲线。用于分析的数字岩芯的尺寸为 1 500 像素×1 500 像素×1 500 像素，像素分辨率为 3.6 μm×3.6 μm×3.6 μm。为了降低图像中细微噪点对结果的影响，这里只统计了等效孔隙直径不小于 16 μm 的孔隙和裂隙。

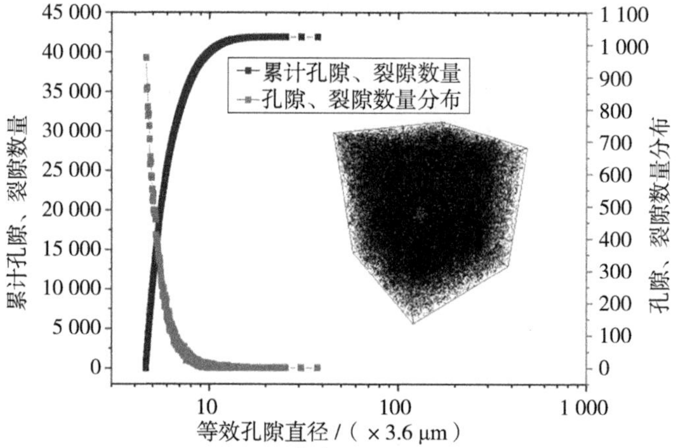

(a) 25 ℃

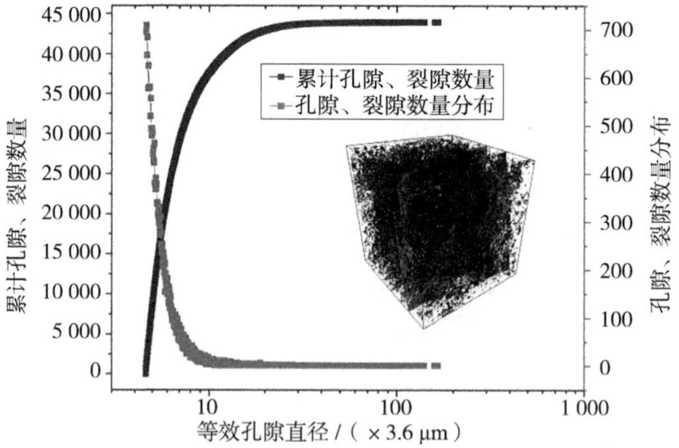

(b) 314 ℃

图 2-15 不同温度的高温水蒸气加热后油页岩内部孔隙、裂隙数量随等效孔隙直径的分布(油页岩数字岩芯尺寸为 1 500 像素×1 500 像素×1 500 像素，像素尺寸为 3.6 μm×3.6 μm×3.6 μm)

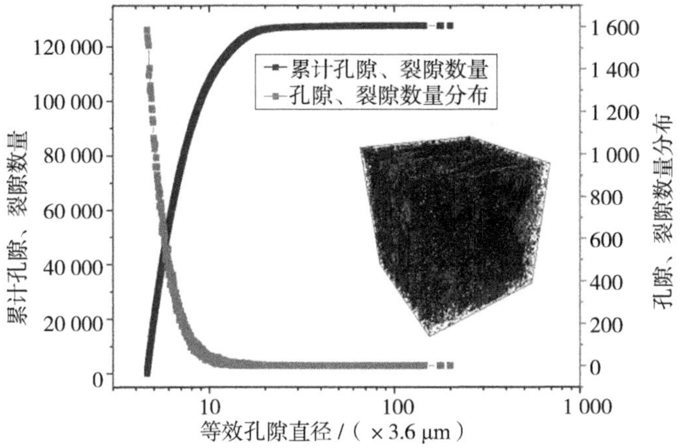

(c) 382 ℃

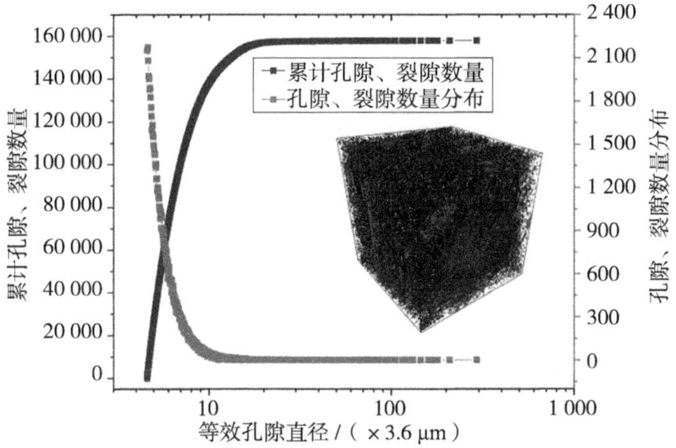

(d) 452 ℃

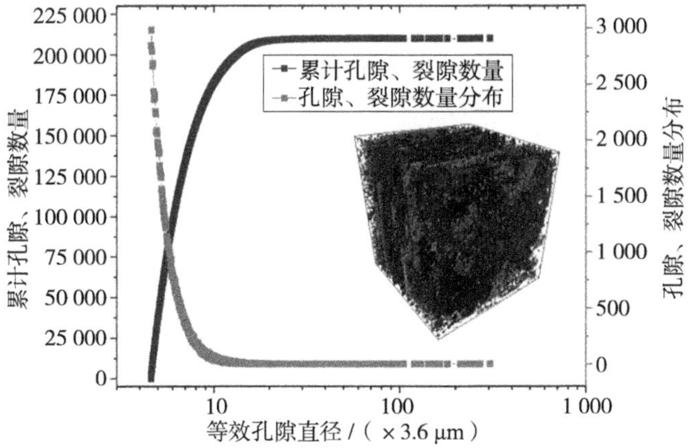

(e) 511 ℃

图 2-15　(续)

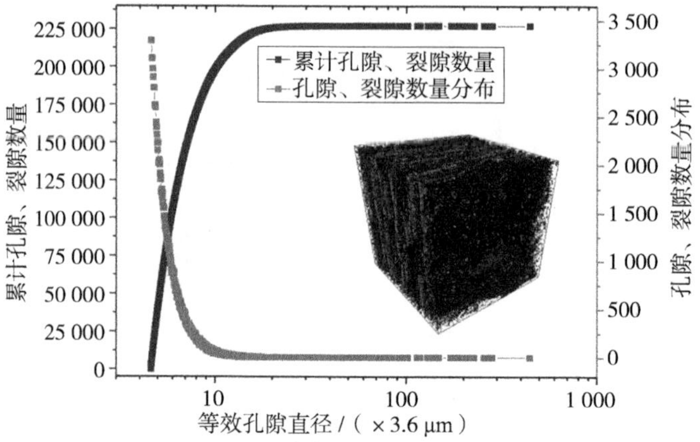

（f）534 ℃

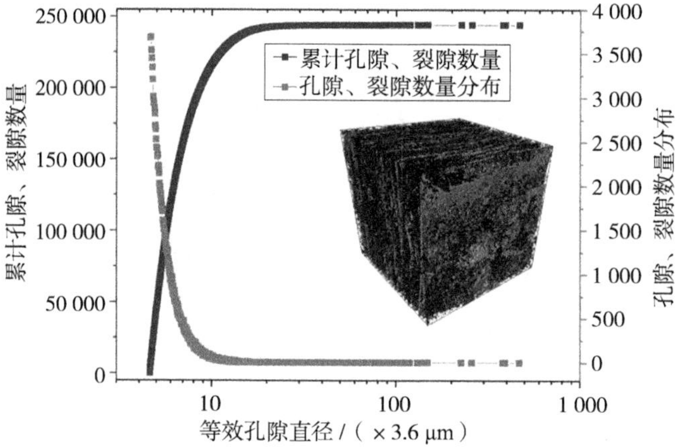

（g）555 ℃

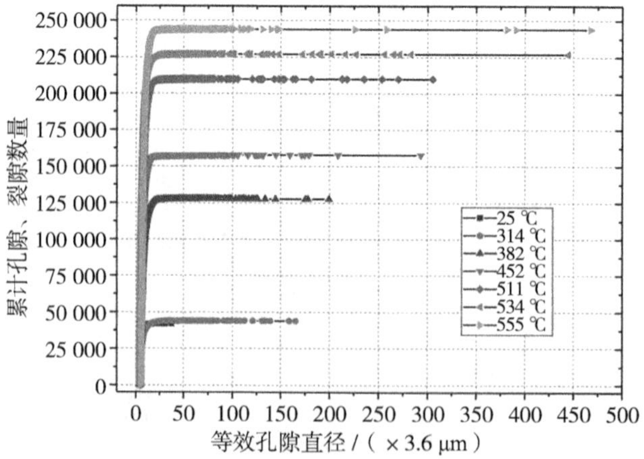

（h）所有温度点

图 2－15 （续）

从图 2－15 可以发现，常温下油页岩内部的孔隙、裂隙数量较少，且孔隙、裂隙尺寸较小。随着水蒸气温度的升高，油页岩内部的孔隙、裂隙数量不断增加，与此同时，孔隙、裂隙的尺寸不断增大。常温下孔隙、裂隙的数量为 41 913，最大的孔隙、裂隙的等效孔隙直径为 37.5 像素，即 135 μm，当温度达到 555 ℃后，孔隙、裂隙的数量达到了 244 062，最大的孔隙-裂隙连通团的等效孔隙直径达到了 467.5 像素（1 683 μm）。孔隙、裂隙数量和尺寸的增加共同导致了油页岩孔隙、裂隙的连通性的增加。但是，单独依靠孔隙、裂隙数量和等效孔隙直径的数据还无法准确描述油页岩的孔隙、裂隙分布特征。

2.5.3　不同温度的水蒸气加热后油页岩孔隙、裂隙空间形态特征

图 2－16 展示的是在完成三维坐标旋转后得到的不同温度水蒸气加热后的油页岩内部孔隙、裂隙在三维空间中的最大延展距离。本书将某个孔隙或裂隙沿 X、Y 和 Z 方向的最大延展距离定义为能够完全包含该孔隙或裂隙的最小的长方体在 X、Y 和 Z 方向的边长。由于已经对油页岩数字岩芯进行了三维坐标旋转处理，这里的 Y 和 Z 方向均是平行于沉积层理的方向的，而 X 方向则是垂直于沉积层理方向的。从图 2－16(a)可以发现，在常温下，油页岩内部的孔隙和裂隙在垂直和平行层理方向的差异性不大。这表明此时油页岩内部主要存在一些细小的孔隙，没有明显的裂隙分布，孔隙、裂隙的各向异性特征还不是很突出。另外，常温下油页岩内部最大的孔隙、裂隙在平行层理方向的最大延展距离只有 171 个像素，即 615.6 μm，占整个数字岩芯边长的 11.4%（整个数字岩芯的边长为 1 500 像素，即 5 400 μm）。垂直层理方向上常温下的最大延展距离只有 44 个像素，占垂直层理方向数字岩芯边长的 2.9%。当 314 ℃的高温水蒸气加热后，油页岩内部的孔隙、裂隙各向异性特征开始变得明显。油页岩内部出现了大量等效孔隙直径大于 40 像素的孔隙、裂隙，且这类孔隙、裂隙在平行层理方向的延展距离明显大于垂直层理方向的延展距离。体积最大的裂隙等效孔隙直径达到了 165.5 像素，在 Y 方向的延展距离达到了 1 276 像素，在 Z 方向则达到了 1 500 像素，已经贯穿了整个数字岩芯。同时，该裂隙在垂直层理方向的最大延展距离也达到了 309 像素，占垂直层理方向数字岩芯边长的 20.6%。随着温度的进一步升高，油页岩内部的等效孔隙直径也逐渐增大，与此同时，孔隙、裂隙在三维方向的扩展距离也在逐渐增大。当水蒸气温度达到 452 ℃、511 ℃、534 ℃和 555 ℃时，油页岩数字岩芯内部分别有 4、6、9 和 4 个孔隙-裂隙连通团沿着层理方向贯穿了整个数字岩芯。当温度为 511 ℃时，

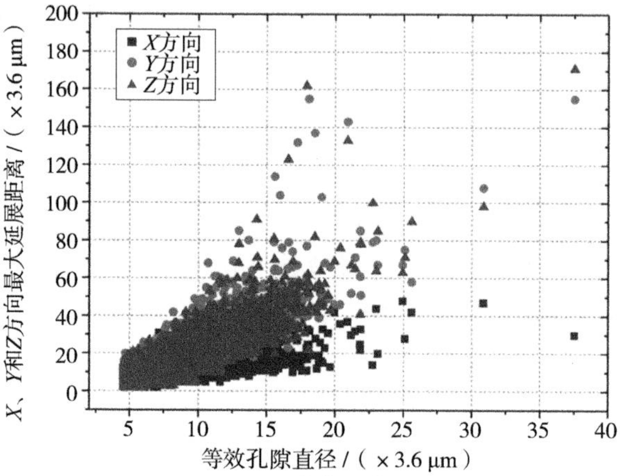

(a) 25 ℃

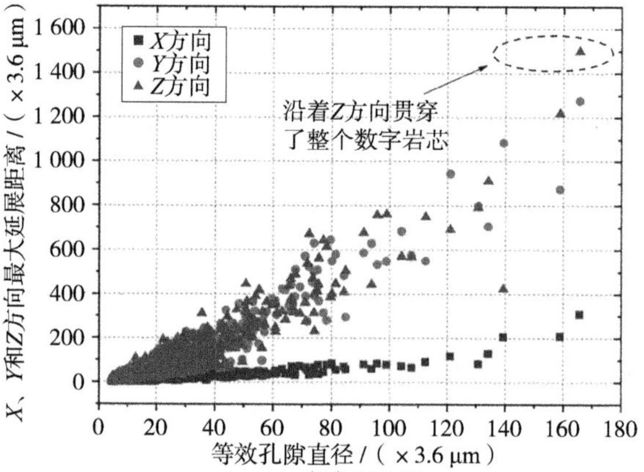

(b) 314 ℃

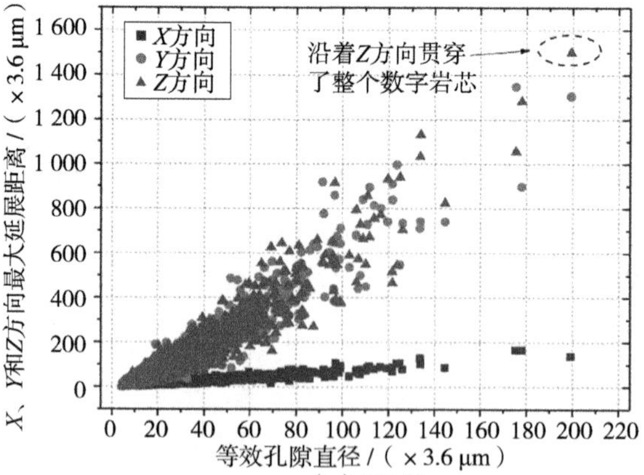

(c) 382 ℃

图 2-16　不同温度的高温水蒸气加热后油页岩内部孔隙、裂隙的三维最大延展距离(油页岩数字岩芯尺寸为 1 500 像素×1 500 像素×1 500 像素,像素尺寸为 3.6 μm×3.6 μm×3.6 μm)

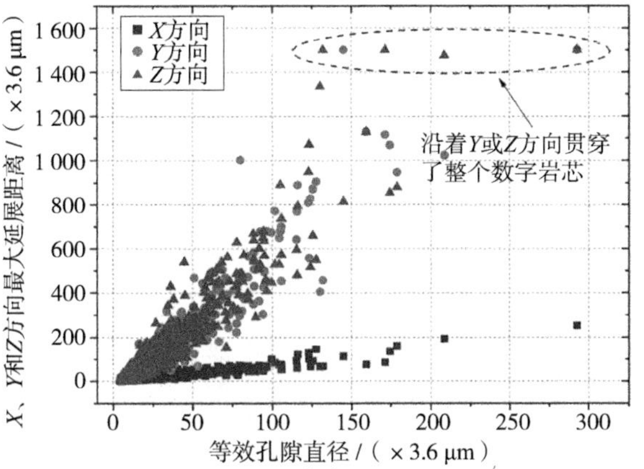

（d）452 ℃

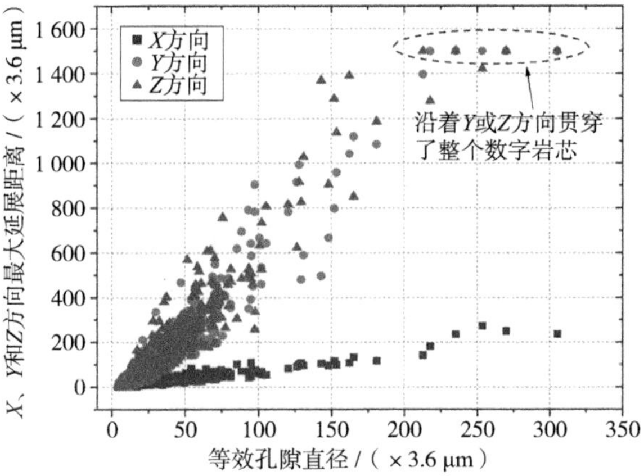

（e）511 ℃

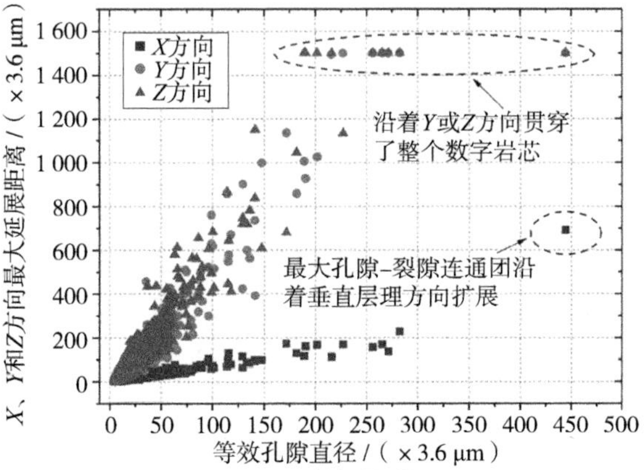

（f）534 ℃

图 2－16　（续）

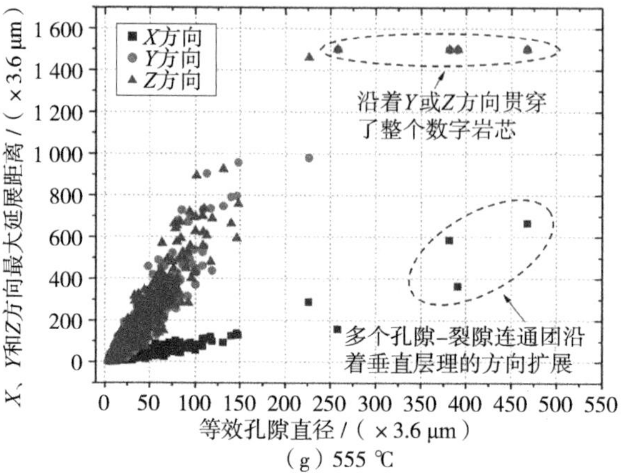

(g) 555 ℃

图 2-16 (续)

有 4 个孔隙-裂隙连通团在垂直层理方向上的延展距离达到了 200 像素以上。当温度为 555 ℃时,最大孔隙-裂隙连通团在垂直层理方向上的延展距离达到了 666 像素,占垂直层理方向数字岩芯边长的 44.4%。油页岩内部最大孔隙-裂隙连通团在垂直层理方向扩展的主要原因是油页岩内部的有机质发生热解形成大量的孔隙,这些孔隙连通了相邻的裂隙,导致最大连通团不断沿着垂直层理的方向扩展。沿着垂直层理方向的扩展同时导致了平行层理方向贯穿裂隙数量的减少,这种减少并不意味着连通性的减弱,而是沿层理方向贯穿整个数字岩芯的裂隙之间通过孔隙连通而发生了合并。

某一温度水蒸气加热后,油页岩数字岩芯出现沿层理方向贯穿整个岩芯的孔隙-裂隙连通团,其在垂直层理方向的最大延展距离之和与岩芯边长的比值可定义为孔隙-裂隙连通团的有效控制体积百分率。该参数在一定程度上反映了孔隙-裂隙连通团在三维空间中的影响范围:数值越大,表明数字岩芯的连通性越好,高温水蒸气沿着连通孔隙、裂隙流动的过程中能够扩大加热覆盖范围;同时,较好的连通性也为油页岩热解产物的运移提供了更高效的排出通道。通过分析图 2-16 可知,常温下孔隙-裂隙连通团的有效控制体积百分率为 0;当温度为 314 ℃时,孔隙-裂隙连通团的有效控制体积百分率仅为 20.6%;当温度为 382 ℃时,孔隙-裂隙连通团的有效控制体积百分率略有降低,为 9.3%;当温度升高到 452 ℃后,孔隙-裂隙连通团的有效控制体积百分率达到了 34.6%;温度进一步升高到 511 ℃时,孔隙-裂隙连通团的有效控制体积百分率达到了

87.5%；当温度为 534 ℃时孔隙-裂隙连通团的有效控制体积百分率就达到了 100.0%。上述结果表明，常温到 382 ℃时，即使油页岩数字岩芯内部存在沿层理方向贯穿整个数字岩芯的孔隙-裂隙连通团，其能够影响和控制的范围都还十分有限。当温度从 382 ℃升高到 452 ℃时，孔隙-裂隙连通团的控制范围缓慢上升。当温度从 452 ℃升高到 511 ℃时，孔隙-裂隙连通团的控制范围迅速增大，并且当温度进一步升高到 534 ℃时孔隙-裂隙连通团的控制范围就覆盖了整个数字岩芯，此时的油页岩在平行层理方向的连通性和渗透率都达到了很高的状态。

单独从不同温度的高温水蒸气加热后油页岩内部孔隙、裂隙的三维最大延展距离和孔隙-裂隙连通团的有效控制体积百分率尚不能对油页岩的孔隙、裂隙分布规律进行精细化表征。尤其是针对裂隙而言，裂隙的长度和开度将会直接影响到裂隙的传质特性。图 2-17 展示的是油页岩 CT 切片。从图 2-17 可知，油页岩内部的裂隙几乎都是沿层理方向发育，但是，部分裂隙出现了弯曲的现象，这就导致了对三轴条件下的油页岩裂隙长度和开度的定量统计表征的困难。由于油页岩是横观各向同性的，因此本书对油页岩的孔隙、裂隙等效长度(沿层理方向的长度)定义如下：

$$L_{\mathrm{eff}}=0.5(D_Y+D_Z) \tag{2-3}$$

式中，D_Y 和 D_Z 分别表示孔隙、裂隙在 Y 方向和 Z 方向的延展距离。

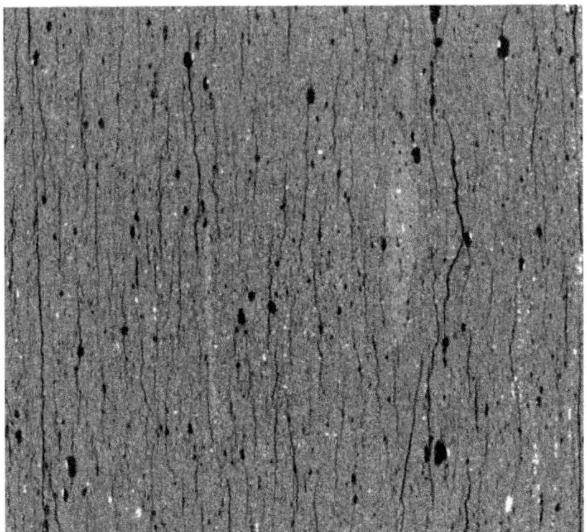

图 2-17　555 ℃ 的水蒸气加热后油页岩 CT 切片

本书这样处理忽略了裂隙在沿层理方向发育时可能出现的弯折，将油页岩中的裂隙认为是都沿着层理方向分布的。由于油页岩是横观各向同性的，因此假设油页岩的孔隙、裂隙是沿着层理方向分布的扁平状圆盘。基于上述假设，本书定义三维条件下油页岩中孔隙、裂隙开度为：

$$a_{\mathrm{eff}}=\frac{4V}{\pi L_{\mathrm{eff}}^{2}} \tag{2-4}$$

式中，V 为每个孔隙或者裂隙的三维体积。

图 2-18 是不同温度的高温水蒸气加热后油页岩内部孔隙、裂隙的等效开度随等效孔隙直径的分布图。从图 2-18 可知，常温下油页岩内部的孔隙和裂隙的等效开度大部分低于 4 个像素(14.4 μm)，而且随着孔隙、裂隙的等效孔隙直径的增加，等效开度有减小的趋势。随着温度的增加，油页岩内部的孔隙、裂隙等效开度主要有两个演变趋势，其一是等效孔隙直径低于 50 像素的孔隙和裂隙有相当一部分的等效裂隙开度明显大于等效孔隙直径介于 50～200 像素之间的孔隙、裂隙；其二是随着温度的升高，逐渐出现等效孔隙直径大于 200 像素的孔隙、裂隙，且这部分裂隙的等效裂隙开度随着等效孔隙直径的增加而增大。结合前面的分析可知，随着水蒸气温度的升高，油页岩一方面会发生热破裂，形成新的裂隙，并且随着温度的升高，裂隙数量和裂隙长度都在增加，另一方面由于有机质的热解，会出现大量由于有机质团的消失而形成的团状孔隙，

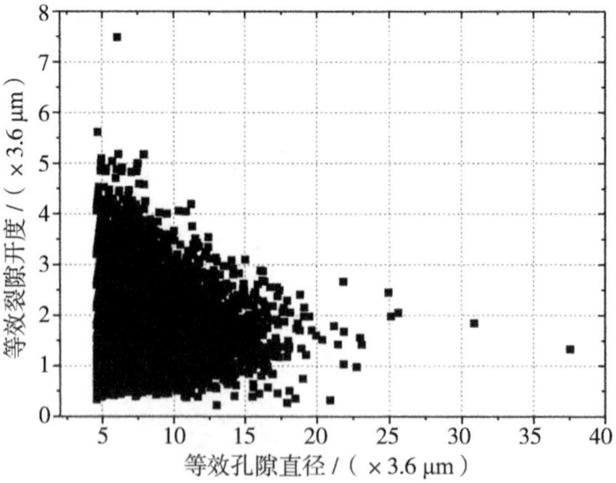

（a）25 ℃

图 2-18　不同温度的高温水蒸气加热后油页岩内部孔隙、裂隙的等效开度随等效孔隙直径的分布

(油页岩数字岩芯尺寸为 1 500 像素×1 500 像素×1 500 像素，像素尺寸为 3.6 μm×3.6 μm×3.6 μm)

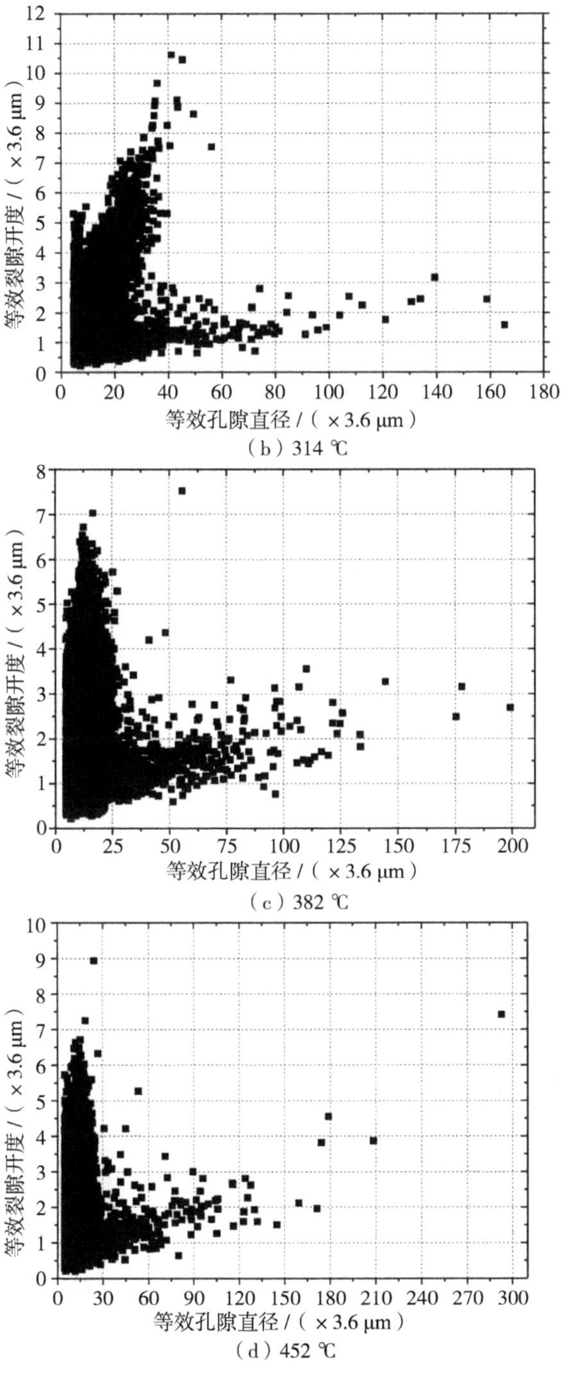
等效裂隙开度 / (×3.6 μm)
等效孔隙直径 / (×3.6 μm)
(b) 314 ℃
等效裂隙开度 / (×3.6 μm)
等效孔隙直径 / (×3.6 μm)
(c) 382 ℃
等效裂隙开度 / (×3.6 μm)
等效孔隙直径 / (×3.6 μm)
(d) 452 ℃

图 2-18 （续）

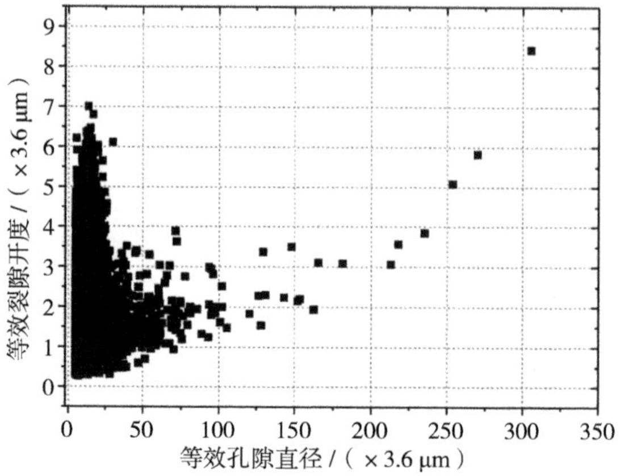

（e）511 ℃

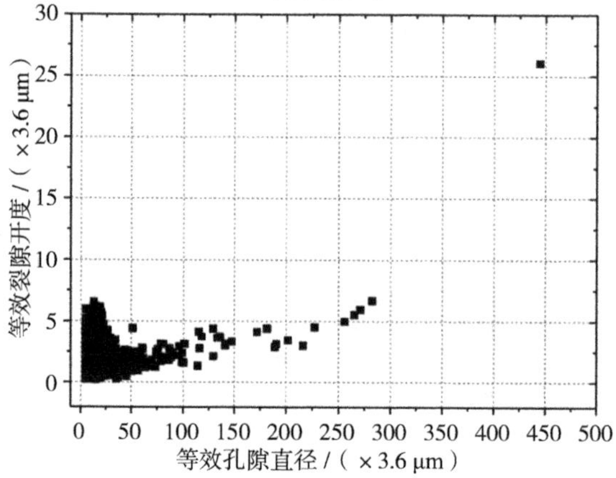

（f）534 ℃

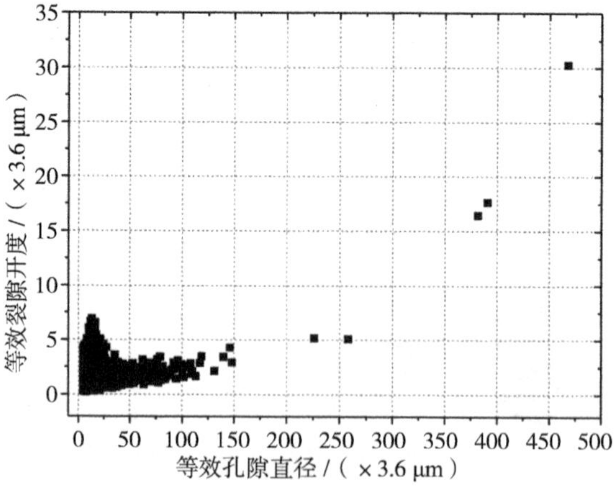

（g）555 ℃

图 2－18 （续）

这些孔隙与部分裂隙连通，这会导致部分裂隙的等效开度的增大。等效孔隙直径大于 200 像素的孔隙-裂隙连通团的等效开度较大的原因是有机质热解生成的孔隙连通了相邻沿层理方向分布的裂隙，导致孔隙-裂隙连通团的体积增大。

2.5.4 不同温度水蒸气加热后油页岩孔隙、裂隙空间分布的各向异性特征

为了进一步分析不同温度水蒸气加热后油页岩内部的孔隙、裂隙的各向异性特征，本书统计了不同温度的高温水蒸气加热后油页岩内部孔隙、裂隙的长度与等效开度的比值分布情况，如图 2-19 所示。从图 2-19 可以发现，油页岩

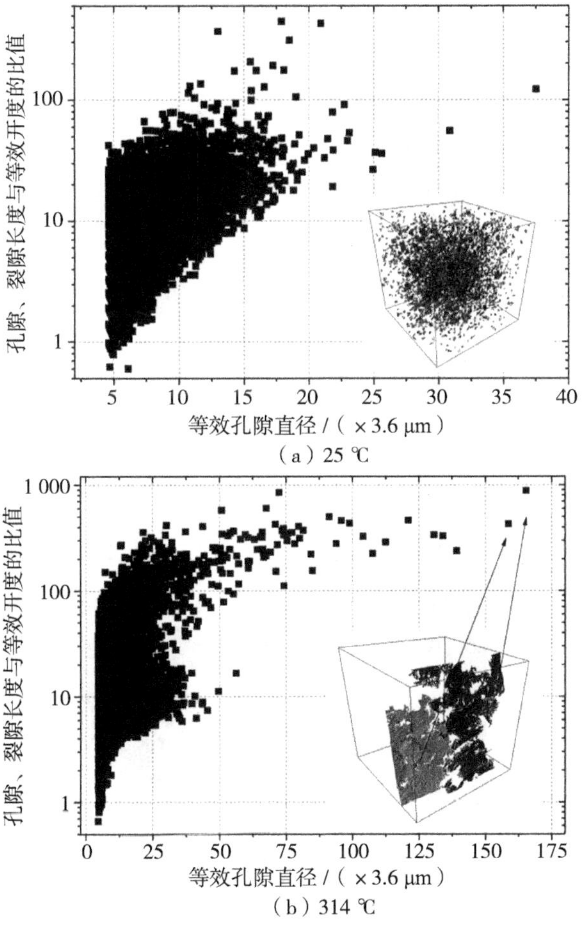

图 2-19 不同温度水蒸气加热后油页岩内部孔隙、裂隙的长度与等效开度的比值分布(油页岩数字岩芯尺寸为 1 500 像素×1 500 像素×1 500 像素，像素尺寸为 3.6 μm×3.6 μm×3.6 μm)

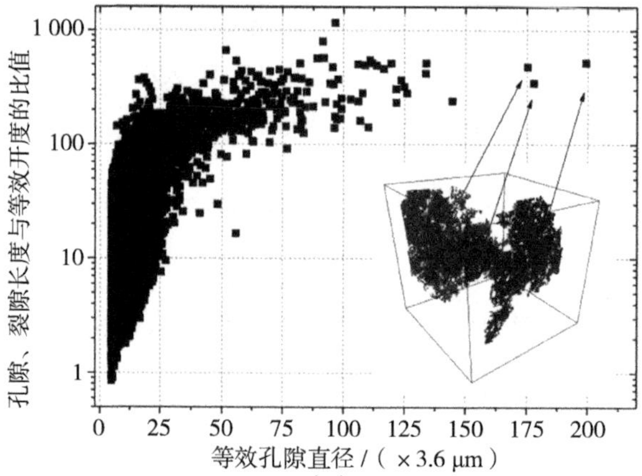

（c）382 ℃

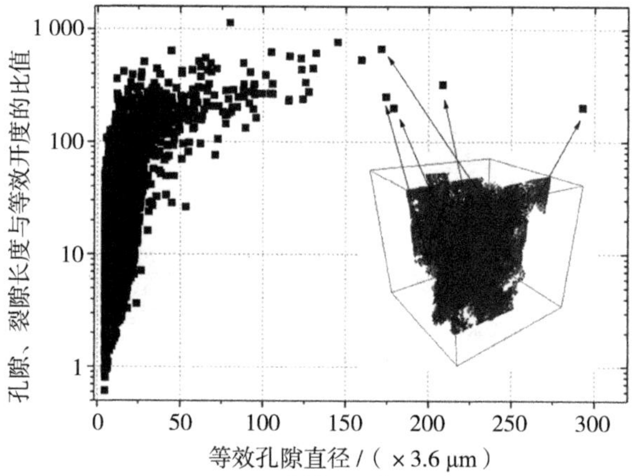

（d）452 ℃

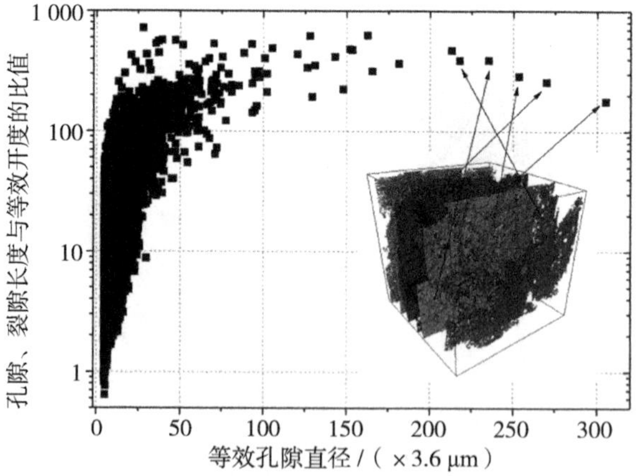

（e）511 ℃

图 2－19 （续）

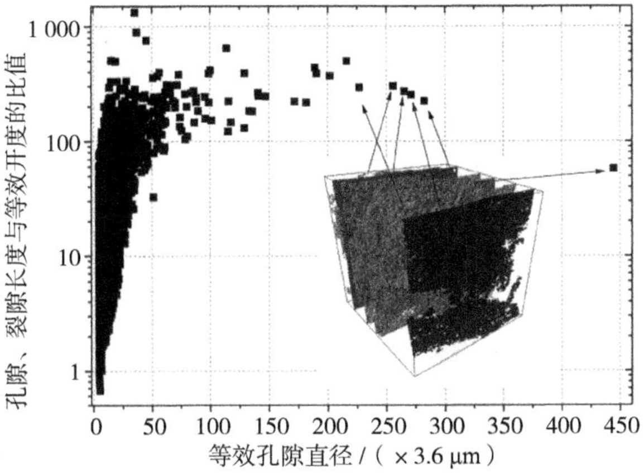

(f) 534 ℃

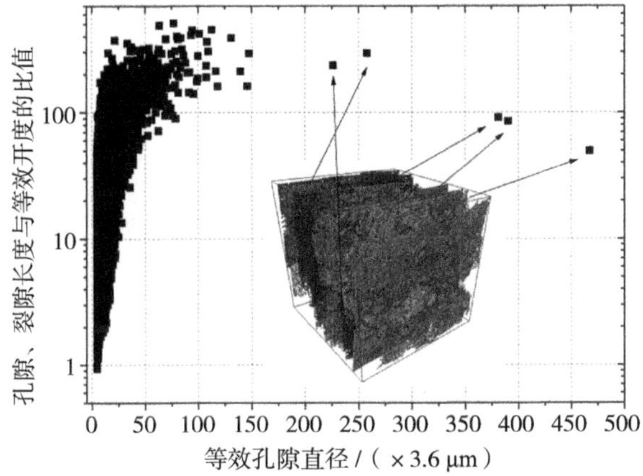

(g) 555 ℃

图 2－19　(续)

内部孔隙、裂隙的长度与等效开度的比值分布特点为，比值较小的孔隙、裂隙等效孔隙直径肯定较小，但是等效孔隙直径较小的孔隙、裂隙的长度与等效开度的比值不一定小。随着温度升高，逐渐出现了大量长度与等效开度的比值大于50 的裂隙，这类裂隙的长度一般较大。此外，当温度高于 500 ℃时，油页岩内部的等效孔隙直径大于 150 像素的大裂隙的长度与等效开度的比值有随着等效孔隙直径增大而降低的趋势。造成这种现象的原因仍然是有机质的热解形成了大量的团状孔隙，这些孔隙与部分裂隙连通，导致孔隙-裂隙连通团的等效开度增大，长度与等效开度的比值减小。

图 2－20 展示的是不同温度水蒸气加热后油页岩内部孔隙、裂隙的长度与

等效开度的比值与孔隙、裂隙数量的分布柱状图。从图 2 - 20 可知，温度从 25 ℃到 555 ℃变化时，油页岩内部数量最多的都是长度与等效开度的比值介于

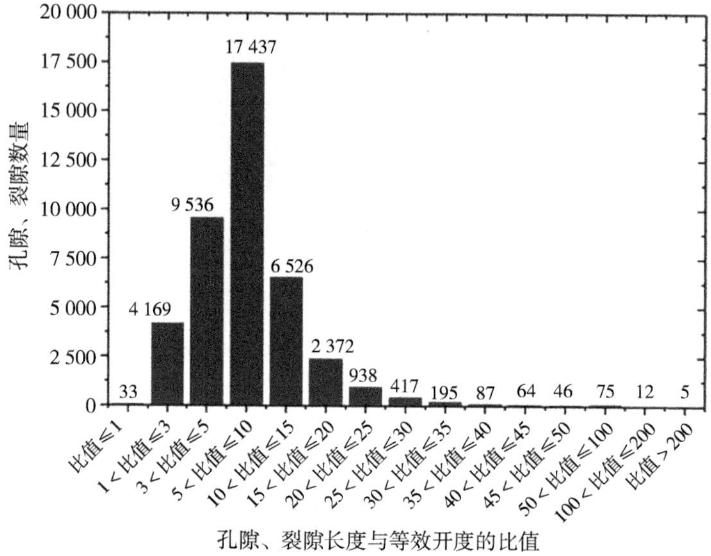

（a）25 ℃

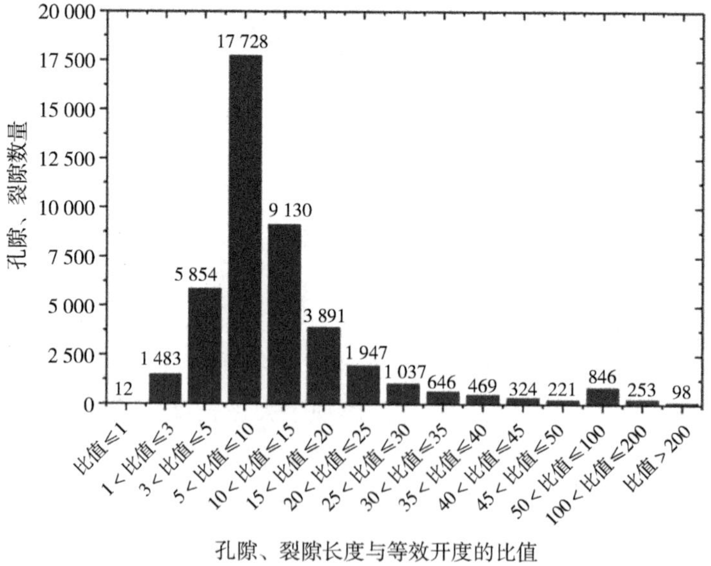

（b）314 ℃

图 2 - 20　不同温度水蒸气加热后油页岩内部孔隙、裂隙的长度与等效开度的比值与油页岩孔隙、裂隙数量的分布柱状图（油页岩数字岩芯尺寸为 1 500 像素×1 500 像素×1 500 像素，像素尺寸为 3.6 μm×3.6 μm×3.6 μm）

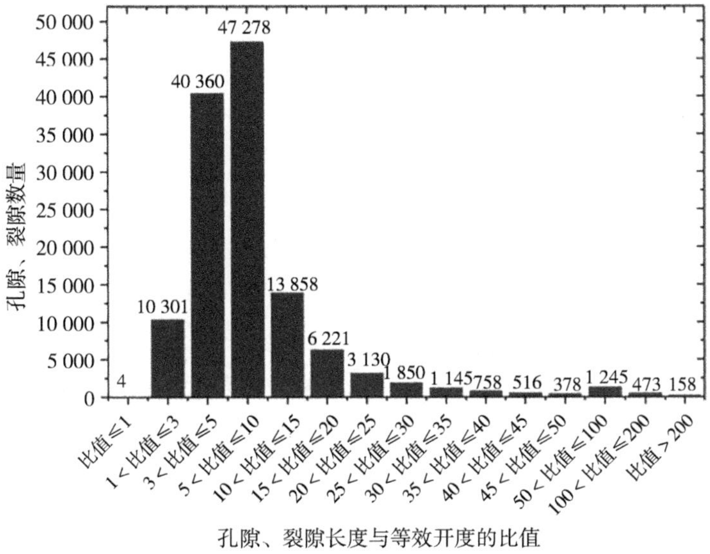

(c) 382 ℃

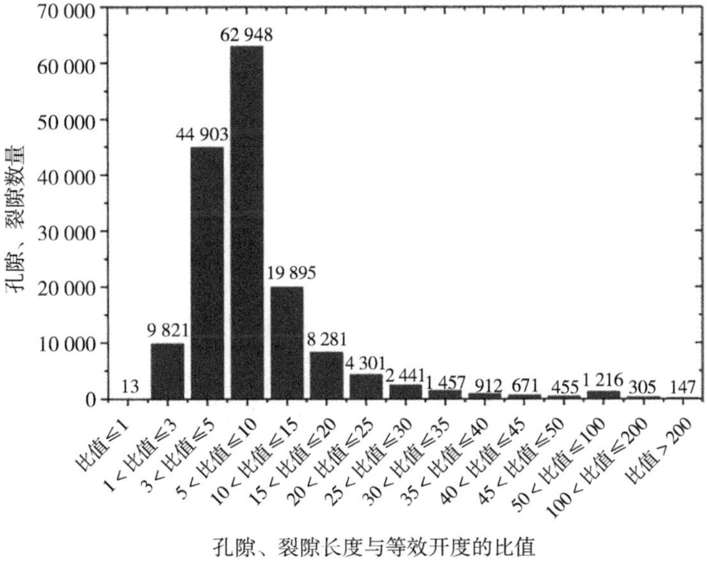

(d) 452 ℃

图 2-20 (续)

5 到 10 之间的孔隙。长度与等效开度的比值低于 5 的孔隙数量随着长度与等效开度比值的增大而增大,长度与等效开度的比值大于 5 的孔隙、裂隙数量随着长度与等效开度比值的增大而减小。另外,长度与等效开度的比值低于 1 的

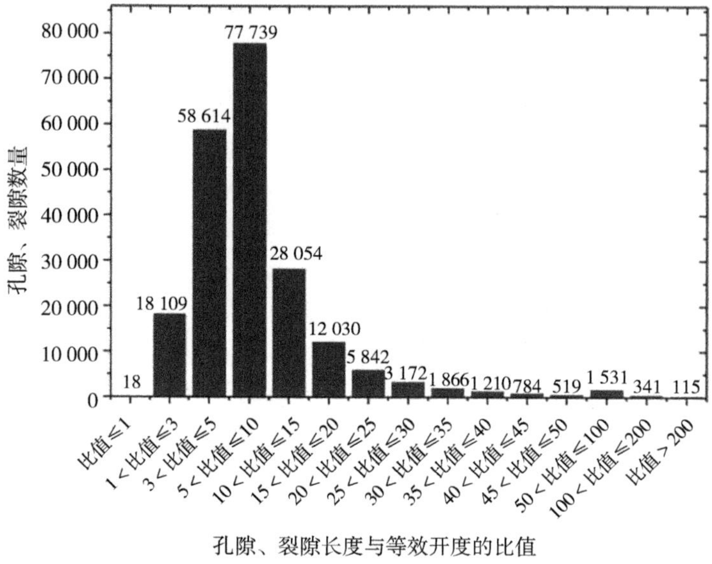

(e) 511 ℃

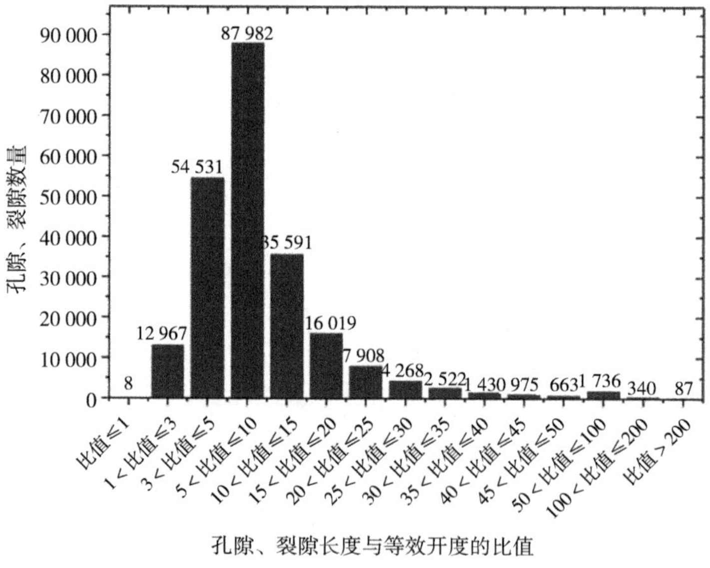

(f) 534 ℃

图 2-20 (续)

孔隙数量都极少，这种孔隙数量在常温下也只占总孔隙、裂隙数量的 0.078%。由此可见，油页岩内部的孔隙具有极强的各向异性特征，具体表现为孔隙沿层理方向呈扁平状分布。

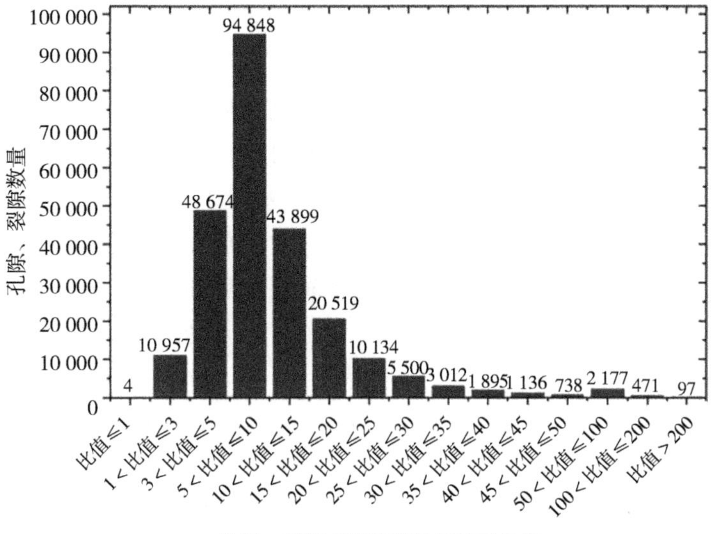

(g) 555 ℃

图 2-20　(续)

2.6　本章小结

水蒸气热作用下有机质的高效热解与孔隙-裂隙系统的协同发育是油页岩原位注水蒸气高效加热开采的微观基础。本章的研究结果表明，水蒸气加热下油页岩内部的有机质在 400 ℃左右开始剧烈热解，550 ℃后热解过程基本完成。有机质聚集团热解后形成大量椭圆形的孔隙。在过热水蒸气加热作用下，油页岩内部出现大量沿沉积层理方向的裂隙。这些裂隙为热解产物的外排和高温水蒸气的进入提供了通道。主要结论如下：

① 在本书的油页岩 CT 图像的空间分辨率范围内(＞3.6 μm)，室温条件下(25 ℃)油页岩中存在大量的有机质聚集团，其体积百分数为 4.29%。382 ℃的高温水蒸气加热后，有机质聚集团中出现了少量的孔洞，这是有机质的热解产生的。随着温度的进一步升高，有机质聚集团中的孔洞逐渐增加。511 ℃时，油页岩中仅残留少量有机质，有机质热解形成大量孔隙。在 555 ℃时，大多数有机质发生了热解，只有少量(体积贡献为 0.71%)残留在孤立的孔隙和裂隙中。

② 油页岩在室温下致密完整，无明显裂隙。油页岩内部经 314 ℃水蒸气加

热后，沿沉积层理面观察到大量裂隙分布，部分裂隙已贯穿整个研究区域，并沿有机质聚集团发育并与有机质聚集团相连通，为有机质热解产物的运移提供了通道。随着水蒸气温度的进一步升高，有机质热解产物沿裂隙排出。有机质热解后形成的孔隙与裂隙连接，形成了特殊的蝌蚪状孔隙-裂隙连通团。在511 ℃及以上的水蒸气加热后，油页岩孔隙率基本保持在10%左右，油页岩内部孔隙和裂隙充分发育，孔隙、裂隙连通性好。油页岩在水蒸气加热下孔隙、裂隙的充分发育表明通过原位注水蒸气能够显著提高油页岩矿层的渗透性，水蒸气能够顺利进入油页岩矿层并对其进行高效对流加热。

③ 油页岩试件的热重分析实验表明，在400～550 ℃范围内油页岩失重较大，失重率达到了10.4%。该结果与基于油页岩CT灰度图获得的有机质聚集团随水蒸气温度的变化趋势相一致。结果表明，本书提出的基于油页岩CT图像的三相分割方法是有效的，同时也表明新疆巴里坤油页岩的最佳热解温度范围为400～550 ℃。

第 3 章　考虑孔隙分布特征和裂隙各向异性的油页岩座逾渗规律数值研究

3.1　考虑孔隙分布特征的座逾渗模型的建立

在经典的座逾渗模型中，要生成孔隙率为 p 的多孔介质，模型中每个晶格被选定为孔隙的概率都为 p。也可以理解为每次在模型中随机将 1 个晶格指定为孔隙，直到整个模型中孔隙率达到 p 为止。本书中，在经典的座逾渗模型中引入了一个孔隙分布特征影响因子 m 用以控制模拟得到多孔介质时每次在模型中生成的孔隙的大小。在模拟生成多孔介质时，每次在模型中生成的孔隙体积为 m，当 m 为 1 时即为经典的座逾渗模型。随着 m 的增加，生成的多孔介质的孔隙分布非均质性逐渐增加，也逐渐与某些天然多孔介质的孔隙分布特征相似。因此，通过在经典的座逾渗模型中引入孔隙分布特征影响因子 m，使得经典的座逾渗模型可以用来更准确地描述某些天然多孔介质的逾渗现象。需要注意的是，新生成的孔隙在多孔介质中的位置完全是随机的，不受已有孔隙的影响。当新生成的孔隙部分或完全与已有孔隙重叠时，认为新生成的孔隙与已有孔隙发生了合并。这是本书提出的模型与文献[95]中模型的主要区别，尽管都属于多点占据体系(Multiple-Occupation System)。在文献[95]中的多孔介质模型，新生成的孔隙不能与已有的孔隙发生部分或全部的重叠。也就是说，文献[95]中的多孔介质模型中孔隙团的合并只能是由于不同孔隙团之间存在相邻的网格。这也是基于 RSA 方法模拟生成多孔介质模型时，随着孔隙率的增加会出现堵车状态的原因。基于本书提出的晶格填充方法，将不会出现堵车状态。

本书采用二维(网格类型：立方体)座逾渗模型进行模拟，网格填充方法遵循以下步骤。

步骤一：创建一个数组 X 来表示多孔介质(数组的边长为 L，三维数组包含 L^3 个元素)。元素数值为 0 的位置表示固体基质，元素数值为 1 的位置表示孔隙空间，如图 3 - 1 所示。数组中所有元素的初始值均为 0，即孔隙率的初始值为 0。给定孔隙分布特征影响因子 m，以孔隙率作为循环的终止条件，三维孔隙率的终止值为 70%。程序框图如图 3-2 所示。

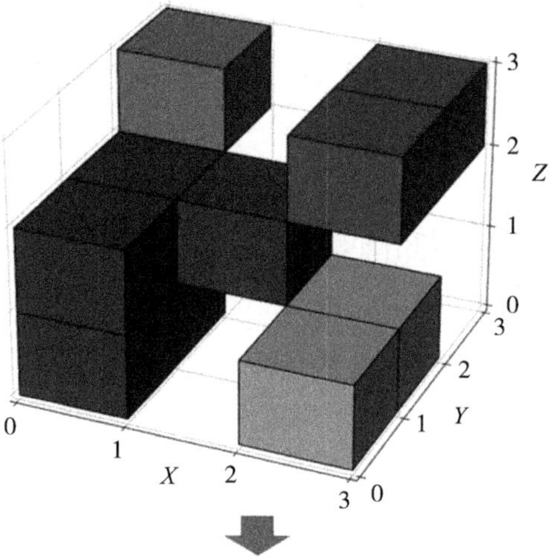

$$\begin{bmatrix} [1\ \ 1\ \ 0] & [0\ \ 0\ \ 0] & [1\ \ 1\ \ 0] \\ [1\ \ 1\ \ 0] & [0\ \ 1\ \ 0] & [1\ \ 0\ \ 0] \\ [0\ \ 0\ \ 1] & [0\ \ 0\ \ 0] & [0\ \ 1\ \ 1] \end{bmatrix}$$

图 3-1　用数值表示多孔介质的方法示意图

步骤二：创建一个数组 Y，并将该数组的所有元素赋初始值为 0。为了减小边界效应对模拟结果的影响，将数组 Y 的边长设为 $L+2m$。

步骤三：采用 Monte Carlo 方法在 Y 中随机选取元素进行赋值(赋值规则为：0+0=0，0+1=1，1+1=1)。对于 Y 中的元素，如果某一元素还没有被赋过值，则其当前值为 0；如果该元素在随机赋值过程中没有被选中，则按照 0+0=0 的规则进行赋值；这一轮赋值后该元素的值仍然是 0。如果该元素在随机赋值过程中被选中，则按照 0+1=1 的规则进行赋值，而赋值后该元素的值变为 1。此外，如果在赋值过程中被选中元素已经被赋值，其当前值为 1，则根据 1+1=1 的规则对该元素进行赋值。赋值完成后，该元素的值仍然是 1。这种赋值方法的目的是确保数组 Y 中的元素只有两种状态(0 或 1)，分别表示固体基质和孔隙空间。随着 Y 孔隙率的增加，Y 中出现了体积为 m 的孔隙，而这些孔隙的形状是随机的。m 值越大，孔隙形状越复杂多样。

步骤四：在 Y 中标记所有孔隙团，删除大小(一个孔隙中包含的元素数量)不等于 m 的孔隙。此时，Y 中仅有大小为 m 的孔隙团。随后计算 Y 的孔隙率，

判断 Y 的孔隙率是否在 0.000 1～0.000 5 之间。如果 Y 的孔隙率在 0.000 1～0.000 5 之间，则在 Y 内截取边长为 L 的数组 Z。如果小于 0.000 1，则返回步骤三。如果大于 0.000 5，则返回步骤二。

步骤五：对 X 和 Z 进行合并，得到新的 X。具体的合并方法如下：将 Z 和 X 对应位置的元素值相加（相加规则：$0+0=0, 0+1=1, 1+1=1$），得到 X 对应位置的元素的新值。X 中的元素值也只有 0 或 1 两种状态，分别代表孔隙空间和固体基质。

步骤六：记录 X 的孔隙率、孔隙数量、孔径分布、最大孔隙团的大小等数据，确定 X 中是否存在从一个边界面跨越到另一个边界面贯穿整个 X 的孔隙团。确定 X 的孔隙率是否超过循环终止值（三维孔隙率的终止值为 70%），如果超过了循环终止条件，停止计算，否则重复步骤二～步骤六。孔隙率是通过计算 X 中值为 1 的元素的数量占 X 的总元素数量的比值得到的。

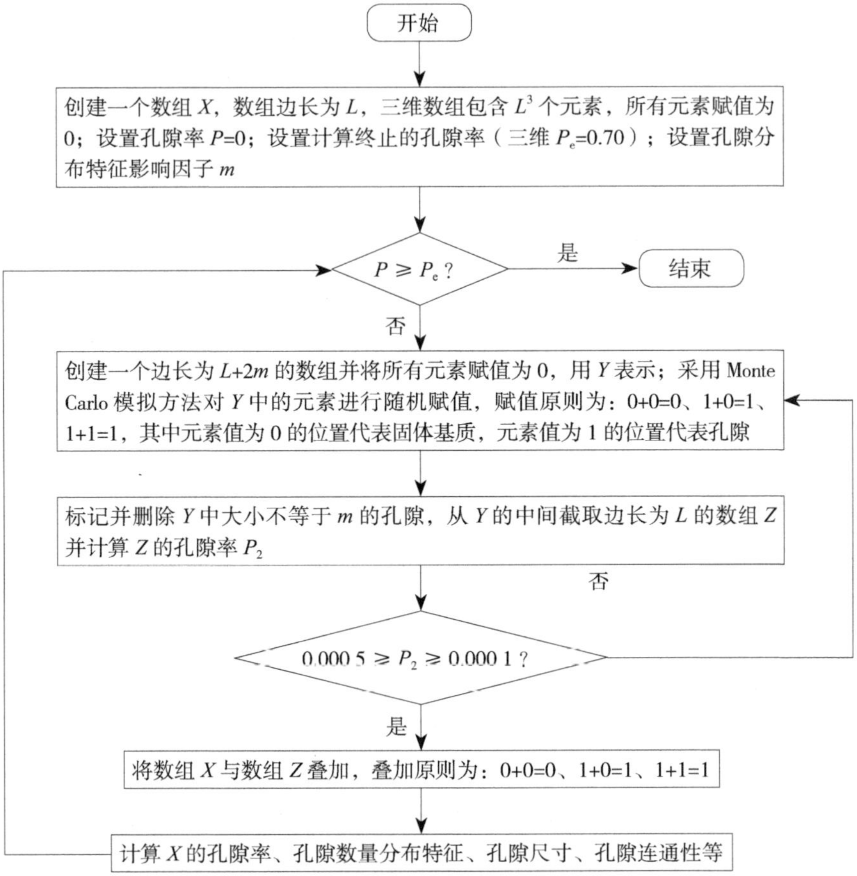

图 3-2　考虑孔隙分布特征的座逾渗模型生成算法程序框图

为便于理解，本书以二维多孔介质生成过程为例对提出的多孔介质生成方法进行直观演示。图 3-3 为模拟获得二维多孔介质($m=2$、$L=10$)的方法示意图，该方法不仅考虑了孔隙分布位置的随机性，而且考虑了孔隙形状的随机性。随着 m 的增加，每次生成的单个孔隙体积增加，孔隙的形状也会变得更加复杂多样。但是，无论 m 的值是多少，在相同的 m 值下，模拟生成各种形状的孔隙团的概率是相等的。三维多孔介质的获取方法与二维多孔介质相似，基于该方法可以获得具有不同孔隙分布特征的三维多孔介质，为后续相关研究打下坚实的基础。

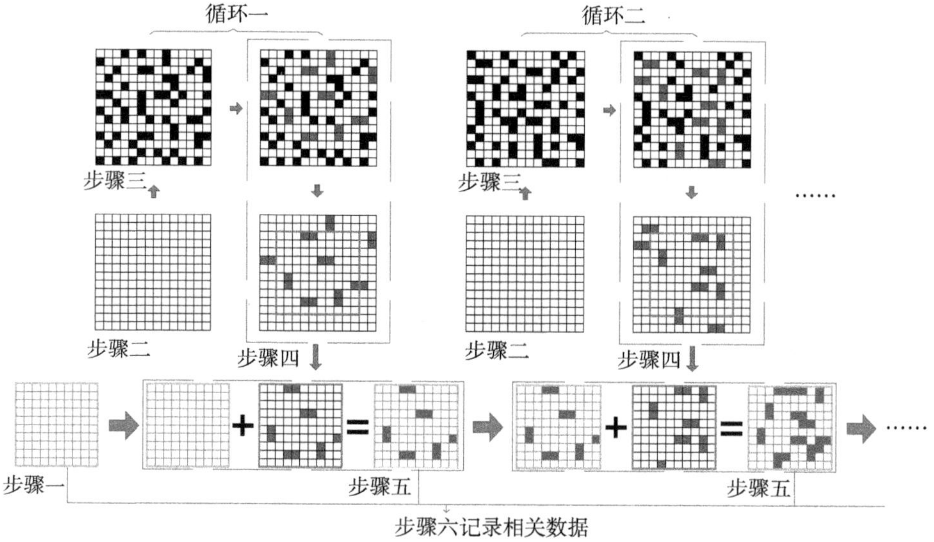

图 3-3　考虑孔隙分布特征的网格填充方法示意图(以二维条件下 $m=2$、$L=10$ 时为例)

3.2　逾渗阈值的确定方法

在多孔介质逾渗理论中，随着孔隙率的增加，如果两个相邻孔隙之间存在相邻或者重叠区域，则认为两个孔隙已经合并形成了一个新的孔隙。当多孔介质中出现从一个边界面到另一个边界面横跨整个多孔介质的孔隙团时，认为多孔介质已经发生了逾渗转变[158]。在一个无限尺度的多孔介质中($L\to\infty$)，逾渗阈值 P_c 具有如下性质：当多孔介质的孔隙率 $P>P_c$ 时，多孔介质中至少存在一个贯穿整个多孔介质的孔隙团，而当孔隙率 $P<P_c$ 时则不存在贯穿的孔

隙团。当孔隙率 P 给定时，将多孔介质内部存在从一个边界面到另一个边界面横跨整个多孔介质的孔隙团的概率定义为逾渗概率 $[R=R_L^X(P)]$[159]。根据 X 的不同有如下几种不同的逾渗概率定义[81,89,95]：① 沿 x（y 或 z）方向存在从一个边界面到另一个边界面横跨整个多孔介质的孔隙团的概率 $R_L^{x(y或z)}(P)$，其中二维模型中有 x 和 y 方向，而三维模型中有 x、y 和 z 三个方向，多孔介质模型的边界均为开放边界[160-161]；② 在任意方向存在从一个边界面到另一个边界面横跨整个多孔介质的孔隙团的概率 $R_L^U(P)$；③ 存在同时沿着两个（二维）或三个（三维）方向从一个边界面到另一个边界面横跨整个多孔介质的孔隙团的概率 $R_L^I(P)$；④ 不同方向的逾渗概率的均值，其中，二维条件下为 $R_L^A(P)=\frac{1}{2}[R_L^x(P)+R_L^y(P)]$，三维条件下为 $R_L^A(P)=\frac{1}{3}[R_L^x(P)+R_L^y(P)+R_L^z(P)]$。理论上，当模型的尺寸 $L\rightarrow\infty$ 时，曲线 $R_L^X(P)-P$ 的斜率将会在逾渗阈值的位置趋于无穷大，即逾渗概率在逾渗阈值附近从 0 突变到 1[89]。由于通过数值模拟获得的多孔介质的尺寸是有限的，采用数值模拟方法很难直接获得逾渗阈值。在有限尺度下通过数值模拟得到的逾渗阈值被定义为 $P_c(L)$，是以多孔介质的模型尺寸 L 为自变量的函数。有限尺寸标度理论可以根据不同 L 条件下模拟得到的 $P_c(L)$ 获得 $L\rightarrow\infty$ 时的逾渗阈值[162-163]。根据有限尺寸标度理论，无穷大尺寸下的逾渗阈值 P_c 与有限尺寸下模拟获得的逾渗阈值 $P_c(L)$ 有如下关系：

$$P_c(L)-P_c\propto L^{-1/\nu} \tag{3-1}$$

式中，L 是多孔介质模型的边界长度；ν 是临界相关长度指数。

根据式(3-1)，当确定了不同 L 条件下的 $P_c(L)$ 和 ν 后就可以获得逾渗阈值 P_c。基于 Monte Carlo 方法进行数值模拟可以得到曲线 $R_L^X(P)-P$[164]。为了确定不同 m 和 L 条件下 $P_c(L)$ 的值，本书采用修正后的双曲正切函数[式(3-2)]来拟合数值模拟得到的 $R_L^X(P)-P$ 曲线。从式(3-2)可知，当逾渗概率 $R_L^X(P)=0.5$ 时，多孔介质的孔隙率 P 就是该有限尺寸模型的逾渗阈值 $P_c(L)$。

$$R_L^X(P)=\frac{1}{2}\left\{1+\tan h\left[\frac{P-P_c(L)}{\Delta(L)}\right]\right\} \tag{3-2}$$

式中，$\Delta(L)$ 是逾渗过度宽度。

逾渗过度宽度 $\Delta(L)$ 和有限尺寸模型的逾渗阈值 $P_c(L)$ 能够通过式(3-2)拟合同时得到。事实上，逾渗过度宽度 $\Delta(L)$ 与 $L^{-1/\nu}$ 呈正比关系，如式

(3-3)所示。

$$\Delta(L)\propto L^{-1/\nu} \tag{3-3}$$

结合式(3-1)和式(3-3)可以得到：

$$P_c(L)-P_c\propto\Delta(L) \tag{3-4}$$

通过式(3-4)，无需知道ν的值即可直接得到逾渗阈值，减少了数据分析的工作量。因此，本书利用式(3-4)确定逾渗阈值。另外，逾渗阈值P_c的误差是由$|P_c^I(\infty)-P_c^A(\infty)|$和$|P_c^U(\infty)-P_c^A(\infty)|$的最大值确定的[81,95,99,165]。

3.3 考虑孔隙分布特征的三维多孔介质逾渗规律

在不同的孔隙分布特征影响因子m(m取1、2、5、10、15、20、25、30、35、40)和不同的多孔介质尺寸L(L取120、140、160、180、200)组合下，进行了5 000次数值模拟实验。随后，根据式(3-2)对模拟结果进行拟合，得到不同m和L组合下的三维$R_L^X(P)-P$曲线。m为2和5，L分别取120、160和200时的逾渗概率曲线$R_L^U(P)$、$R_L^I(P)$和$R_L^A(P)$如图3-4所示。由图3-4可以看出，m相同时，不同逾渗概率定义(U、A和I)下的曲线分别各自相交于一点R_L^X，相交点的位置取决于所采用的逾渗概率定义X。此外，m相同时，无论采用何种逾渗概率定义，$R_L^X(P)-P$曲线的相交点的横坐标在误差允许范围内是相同的。对比不同m时的$R_L^X(P)-P$曲线可以发现，随着m值的增加，曲线发生突变时的孔隙率越来越小，表明逾渗阈值随着m的增加而减小。

通过式(3-2)拟合模拟结果得到了不同m和L条件下的$P_c^X(L)$和$\Delta(L)$后，本书用式(3-4)对不同m和L条件下的$P_c^X(L)$和$\Delta(L)$进行线性拟合。与二维情况一样，为清晰起见，图3-5中仅展示了根据U逾渗概率定义(在任意方向存在从一个边界面到另一个边界面横跨整个多孔介质的孔隙团)拟合的$P_c^X(L)-\Delta(L)$曲线。根据式(3-4)，当逾渗过度宽度$\Delta(L)\rightarrow 0$时，就可以通过有限尺寸的逾渗阈值得到模型边界无穷大时的逾渗阈值[$P_c^X(L)\rightarrow P_c^X(\infty)$]。也就是说，每条拟合曲线的$Y$轴截距就是该条件下的逾渗阈值。表3-1列出了不同$m$值对应的逾渗阈值$P_c$，同时还列出了结合式(3-3)和式(3-4)得到的不同m条件下的临界相关长度指数ν。普通三维随机多孔介质逾渗模型的临界相关长度指数ν为8/7[89]。本书所给出的结果与普通三维随

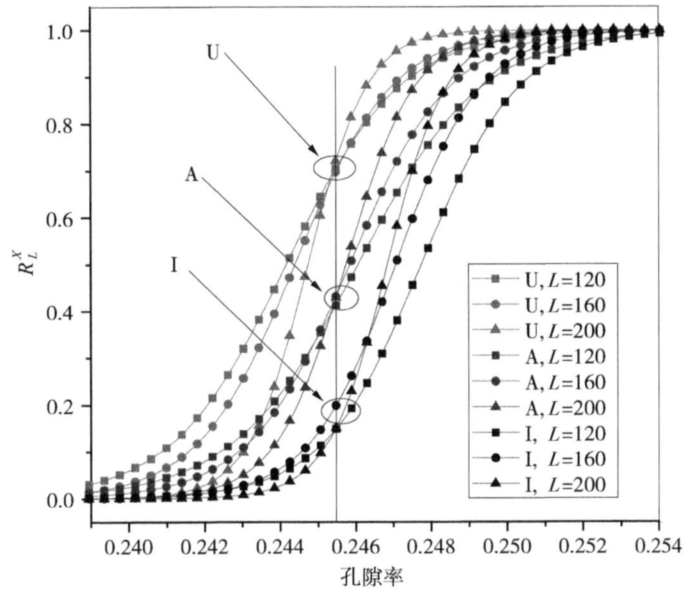

（a）m=2

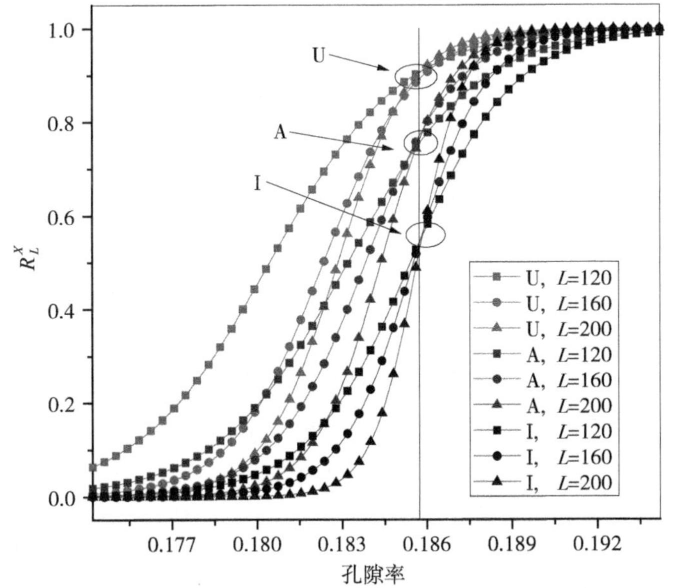

（b）m=5

图 3－4　三维逾渗概率 R_L^X 随孔隙率 P 变化的曲线（m 分别为 2 和 5）

机多孔介质逾渗模型的临界相关长度指数数值在误差允许范围内是一致的，这意味着无论 m 的取值如何，本书所给出的三维逾渗模型与普通三维随机多孔介质逾渗模型属于同一普适类。

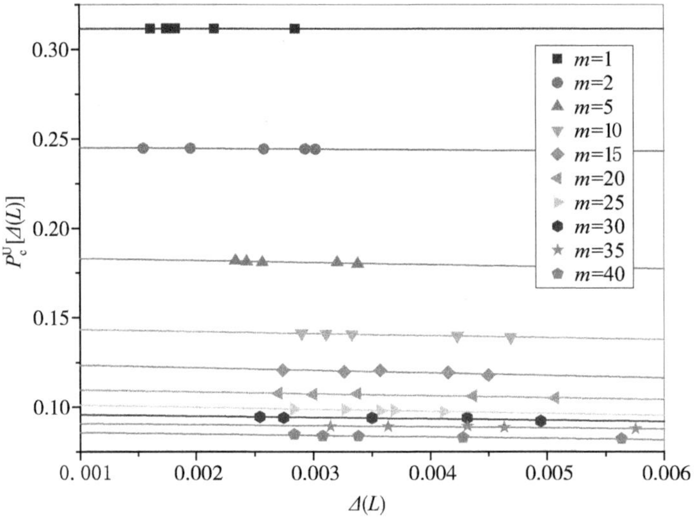

图 3-5　三维多孔介质模型的 $R_L^U[\Delta(L)]-\Delta(L)$ 线性拟合曲线

从表 3-1 可以发现，当 $m=1$ 时逾渗阈值达到了 31.16%，此时就是经典的三维座逾渗模型。而当 $m=40$ 时，逾渗阈值降低到了 8.65%。事实上，这更符合自然界中一类多孔介质的真实情况。Kang 等[166]基于高精度显微 CT 扫描技术，采用多孔介质三维逾渗理论，计算了不同温度下辽宁抚顺的油页岩试件(ϕ0.82 mm×7 mm)真实三维数字岩芯的逾渗阈值，如图 3-6 所示。结果表明，辽宁抚顺的油页岩逾渗阈值处于 8%～12%范围内，远远低于理想均质多孔介质的逾渗阈值 31.16%。本书的计算结果能够在一定程度上对这个现象作出解释。自然条件下油页岩是一种孔隙率极低的致密岩石，其中固态干酪根的分布具有极强的随机性，而且固态干酪根的大小形状各异。在温度作用下，油页岩内部的干酪根会发生热解生成页岩油和轻质气体，当干酪根的热解产物排出后，油页岩内会形成一系列的孔隙结构。随着油页岩中的孔隙结构不断演变，就可能形成贯穿研究区域相对边界的连通孔隙团，发生逾渗转变。理想均质多孔介质逾渗模型中孔隙的产生是通过每次随机占据研究区域内的一个正方形或者立方体晶格来形成的，这显然与油页岩中孔隙形成的特点差别很大。本书充分考虑自然界中多孔介质本身固有的随机性以及孔隙的尺寸对逾渗阈值的影响，每次生成的孔隙都具有一定的大小，但是形状不固定。计算结果表明多孔介质中每次生成的孔隙大小对逾渗阈值有显著的影响。在 m 小于 40 的范围内，随着 m 的增加，逾渗阈值越来越小。当 $m>15$ 时，逾渗阈值低于12%。需要说明的是，本书中每次生成的孔隙大小固定，而油页岩中每次生成的孔隙大小随机性很强，而且具有较强的各向异性，因此情况更加复杂。

表 3-1　$m=1,2,5,10,\cdots,40$ 时的 3D 多孔介质逾渗阈值 P_c 和临界相关长度指数 ν

m	ν	P_c/%
1	0.92(19)	31.16(1)
2	0.94(11)	24.55(2)
5	0.91(15)	18.42(3)
10	0.99(17)	14.45(2)
15	0.96(15)	12.49(3)
20	0.79(22)	11.07(3)
25	0.85(15)	10.21(4)
30	0.82(20)	9.64(4)
35	0.88(12)	9.13(5)
40	0.73(25)	8.65(5)

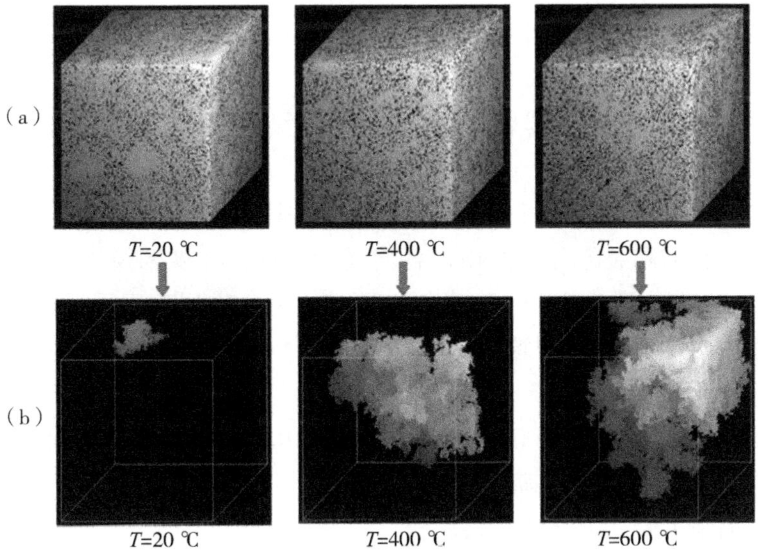

图 3-6　不同温度下油页岩真实数字岩芯中最大孔隙团的分布形态 (0.22 mm×0.22 mm×0.22 mm)[166]

3.4 考虑裂隙各向异性的孔隙-裂隙双重介质逾渗规律

油页岩等天然多孔介质的孔隙分布具有较强的非均质性。Kang 等[166]的研究表明，油页岩微米级的孔隙逾渗阈值介于 8%～12%之间，远低于经典的座逾渗模型的逾渗阈值 31.16%，结合本章 3.4 的研究结果可知，利用经典的座逾渗模型无法对油页岩孔隙的逾渗规律进行较好地描述。另外，油页岩在受热后会发生热破裂，由于油页岩内部的有机质发生热解的同时产生局部张应力，这两个因素共同导致油页岩内部产生大量沿层理分布的裂隙。孔隙和裂隙共同组成了油页岩的空隙空间，这些空隙空间是高温水蒸气的注入和热解产物流出的主要通道。因此，研究油页岩孔隙、裂隙的连通特性和逾渗规律具有重要意义。

本书通过对不同温度的水蒸气加热后的油页岩的显微 CT 数据进行分析，初步获得了油页岩孔隙、裂隙连通性随水蒸气温度和孔隙率的变化规律(见第 2 章相关内容)。但是，受限于试件数量，尚未得出具有普适性的油页岩孔隙、裂隙连通性和逾渗规律的结论。因此，本章基于 CT 实验得到的孔隙、裂隙基本参数进行考虑裂隙各向异性的油页岩座逾渗规律数值模拟研究。

3.4.1 考虑裂隙各向异性的多孔介质模型的建立及基本参数的确定

由第 2 章的研究内容可知，油页岩是一种典型的横观各向同性多孔介质，具体表现为孔隙和裂隙分布的横观各向同性特征。在微米及以上的尺度范围内，孔隙大都沿层理方向呈扁平状分布，裂隙也基本沿层理面平行分布，而且等效孔隙直径与孔隙数量、裂隙长度与裂隙数量都具有分形特征。基于上述条件作出如下假设：

① 假设孔隙的形状为不规则的团状，忽略孔隙三维形状的各向异性；

② 假设孔隙的等效孔隙直径与孔隙数量满足分形规律，分形维数参考后文第 4 章实测油页岩孔隙分形维数；

③ 假设裂隙间相互平行(平行于层理面)，裂隙长度与裂隙数量满足分形规律，分形维数参考后文第 4 章实测油页岩裂隙的分形维数；

④ 假设每个裂隙的形状为圆盘状(球体沿着一个坐标轴方向压缩得到)，圆盘的长轴为裂隙的长度，圆盘的短轴为裂隙的最大开度。在尺寸为 L^3 的三维

座逾渗模型中,以模型的一个顶点作为三维坐标系的坐标原点(0, 0, 0),则每个晶格都有唯一的一个坐标表示。任意裂隙 F_i 的中心坐标为(X_i, Y_i, Z_i),长度为 l_i,最大开度为 a_i。对于多孔介质内任意一点(X, Y, Z),其到任意裂隙的中心坐标的距离为:

$$R = \sqrt[2]{(X - X_i)^2 + (Y - Y_i)^2 + (Z - Z_i)^2} \tag{3-5}$$

假设层理面平行于 XOY 平面,则如果 R 满足式(3-5),则认为坐标(X, Y, Z)所在的晶格属于裂隙 F_i。

$$R \leqslant \sqrt[2]{\left(\frac{l_i^2}{2a_i}\right)^2 + \left[1 - \left(\frac{l_i}{a_i}\right)^2\right]\left[(Y - Y_i)^2 + (Z - Z_i)^2\right]} \tag{3-6}$$

⑤ 假设裂隙的开度不受裂隙长度影响,在 3～15 μm 之间均匀分布。该假设是根据真实的数字岩芯中裂隙的分布特征总结而来的。如图 3-7 所示,油页岩中绝大部分微米级裂隙的开度都在 3～15 μm 之间,且基本不受裂隙长度的影响。当然,有极少部分裂隙的开度较大,这是因为一些孔隙连通了相邻的裂隙,形成了特殊的孔隙-裂隙连通团。这种孔隙-裂隙连通团在垂直层理方向上的延展距离通常较大,有的甚至沿着垂直层理方向贯通了整个岩芯。从图 3-7 可知,这类孔隙-裂隙连通团基本都已经沿层理方向贯穿整个数字岩芯。从逾渗的角度看,包含这类孔隙-裂隙连通团的数字岩芯已经发生了逾渗转变。但是,与均质各向同性的多孔介质不同,油页岩内部出现贯穿整个数字岩芯的孔隙-裂隙连通团的分布具有极强的方向性,即沿层理方向。由于垂直层理方向上基本没有裂隙分布,因此垂直层理方向的连通性主要受孔隙分布的影响,这也是本章研究的重点之一。

由第 2 章的研究内容可知,高温水蒸气加热后油页岩内部的裂隙长度-数量分形维数介于 1.52 到 1.81 之间。因此,本章研究裂隙长度-数量分形维数分别为 1.5、1.6、1.7 和 1.8 时的孔隙-裂隙双重介质的逾渗规律。由第 4 章的研究内容同样可以得到,高温水蒸气加热后油页岩内部贯穿整个数字岩芯的裂隙最少有 1 条,最多有 9 条(油页岩三维数字岩芯的边长为 1 500 像素)。由于计算机和自主编写的程序的性能有限,本章模拟生成的孔隙-裂隙双重介质的边长为 300 像素。因此,本章按照贯穿裂隙数量分别为 1、2 和 3 进行相关研究(由于常温下油页岩数字岩芯内部没有贯穿裂隙分布,因此本书暂不考虑贯穿裂隙数量为 0 的情况)。

从上述假设和模拟生成孔隙-裂隙双重介质的条件可知,在生成的模型中,至少有一条裂隙贯穿了整个多孔介质模型。也就是说,在平行层理方向肯定发

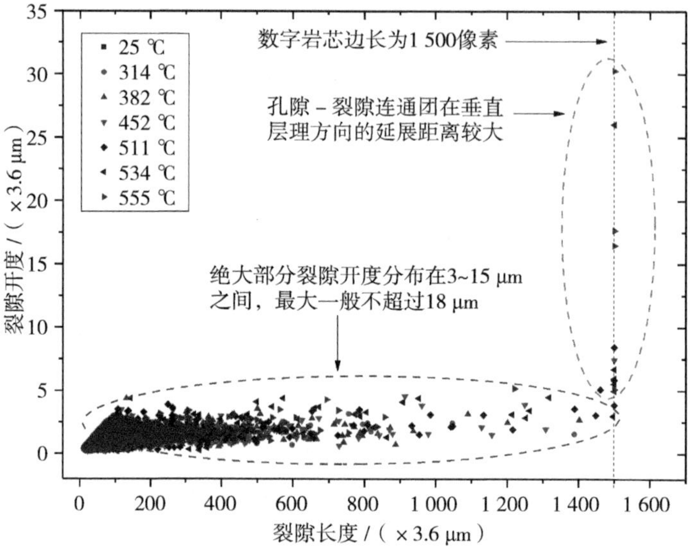

图 3－7　油页岩裂隙开度随裂隙长度变化的规律
(基于真实的油页岩数字岩芯,模型尺寸为 1 500 像素×1 500 像素×1 500 像素)

生了逾渗转变。由于我们的目的是要解释油页岩的孔隙、裂隙连通特征,而且通过第 4 章的研究得知,高温水蒸气加热后油页岩内部至少有一条裂隙沿层理方向贯穿了整个多孔介质。因此,这里主要研究在有沿平行层理分布的贯穿裂隙的前提下,孔隙对油页岩垂直层理方向的连通性的影响规律。

3.4.2　考虑裂隙各向异性的多孔介质垂直层理方向逾渗规律

表 3－2 列出了不同裂隙长度-数量分形维数和不同贯穿裂隙数量条件下模拟得到的垂直层理方向的逾渗阈值。根据表 3－2 得到图 3－8,从表 3－2 和图 3－8 可知,随着裂隙长度-数量分形维数的增加,垂直层理方向的逾渗阈值也在增大。同样地,随着贯穿裂隙数量的增加,垂直层理方向的逾渗阈值也随之增大。这是因为分形维数和贯穿裂隙数量的增加都会导致裂隙数量的增加,裂隙数量的增加会导致裂隙体积对孔隙率的贡献增大。由于所有裂隙都是平行分布的(模拟油页岩裂隙沿层理方向平行分布的特征),裂隙数量的增加对垂直层理方向孔隙、裂隙连通性的贡献较弱,进而导致逾渗阈值的增加。

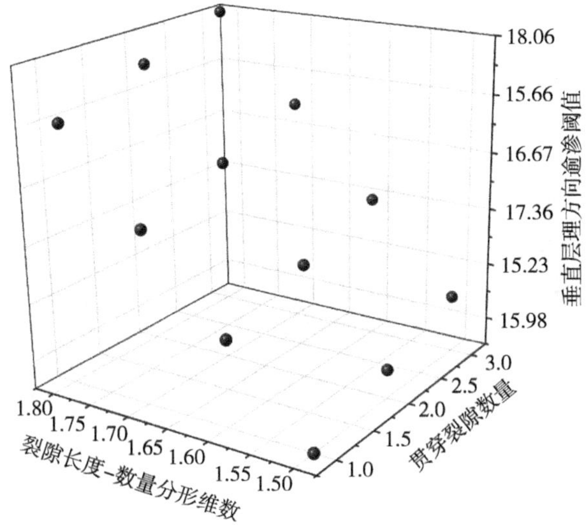

图 3-8　孔隙-裂隙双重介质中垂直层理方向的逾渗阈值分布规律

表 3-2　考虑裂隙分布特征的孔隙-裂隙双重介质的逾渗阈值（垂直于层理方向）

贯穿裂隙数量	裂隙长度-数量的分形维数			
	1.5	1.6	1.7	1.8
1	15.12%	15.23%	15.35%	15.66%
2	15.98%	16.41%	16.67%	16.68%
3	16.98%	17.36%	17.73%	18.06%

为了进一步探究考虑裂隙各向异性的孔隙-裂隙双重介质的孔隙连通性随孔隙率变化的规律，随机选取了一组贯穿裂隙数量为 1、裂隙长度-数量分形维数为 1.5 的模拟结果进行分析（限于文章篇幅，仅对这种条件下的数值实验结果进行详细分析，其他条件下的相关规律可以通过逾渗阈值的变化规律得出）。图 3-9 展示的是不同孔隙率下的孔隙-裂隙双重介质三维图像。其中，图 3-9(a)展示的是贯穿裂隙数量为 1、裂隙长度-数量分形维数为 1.5 的三维裂隙分布情况，图中只展示了裂隙长度大于 10 像素的裂隙。当只有平行分布的裂隙时，多孔介质的孔隙率较小(3.64%)。因为有一条裂隙贯穿了整个多孔介质，因此多孔介质在沿着裂隙分布的方向上已经具有较好的连通性。但是，由于裂隙之间是平行分布的，在没有孔隙分布的情况下，裂隙之间是相互独立的。此时，在垂直裂隙分布平面的方向上，多孔介质的连通性较弱。随着孔隙数量的增加，孔隙率增加。孔隙成为连通平行裂隙的吼道，使得多孔介质在垂直裂

隙分布平面的方向上的连通性增强。当孔隙率高于垂直层理方向的逾渗阈值后，由裂隙与孔隙共同组成孔隙-裂隙连通团会在垂直层理的方向上贯穿整个多孔介质，如图 3－9(e)所示。

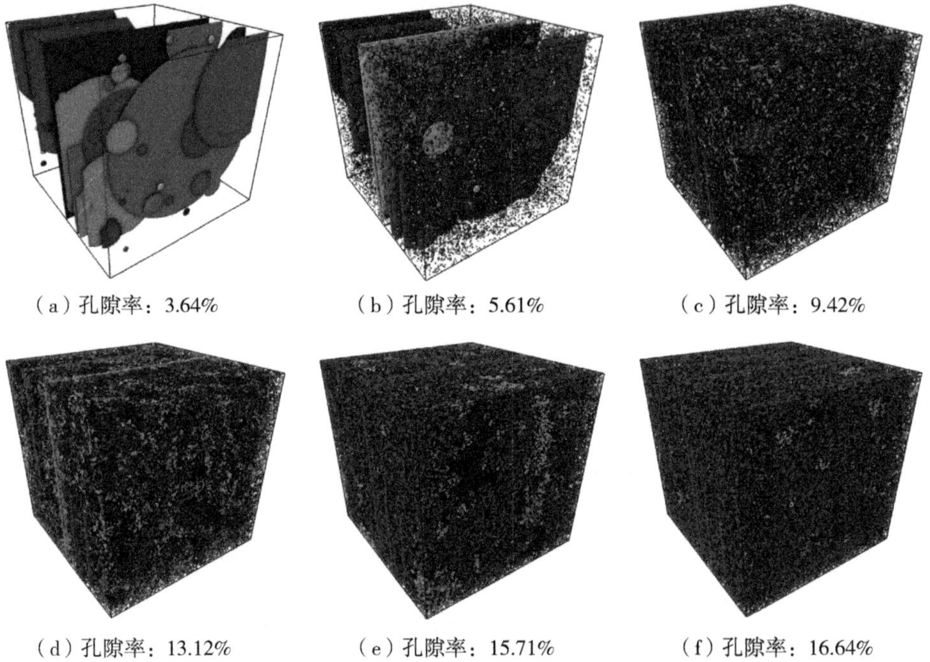

图 3－9　不同孔隙率的三维多孔介质模型

（模型尺寸：300 像素×300 像素×300 像素；贯穿裂隙数量：1；分形维数：1.5）

图 3－10 展示的是在贯穿裂隙数量为 1、裂隙长度-数量分形维数为 1.5 条件下进行了 30 组数值实验后得到的最大孔隙-裂隙连通团在垂直方向的延展距离和有效孔隙率随孔隙率变化的曲线（限于文章篇幅，仅对这种条件下的数值实验结果进行了详细分析，其他条件下的相关规律可以通过逾渗阈值的变化规律得出）。从图中可以看出，在孔隙率较低的情况下，最大孔隙-裂隙连通团在垂直层理方向上的延展距离很小。随着孔隙率的增加，最大孔隙-裂隙连通团在垂直层理方向上的延展距离逐渐增大。当孔隙率低于 10%左右时，最大孔隙-裂隙连通团在垂直层理方向上的延展距离增加缓慢，大于 10%后加速增大。在孔隙率达到 14%后，最大孔隙-裂隙连通团在垂直方向上的最大延展距离迅速增大并直至贯穿整个数字岩芯。有效孔隙率随孔隙率变化的趋势与最大孔隙-裂隙连通团在垂直层理方向上的延展距离随孔隙率的变化趋势类似，但是

快速增大的阈值孔隙率在 12%左右。

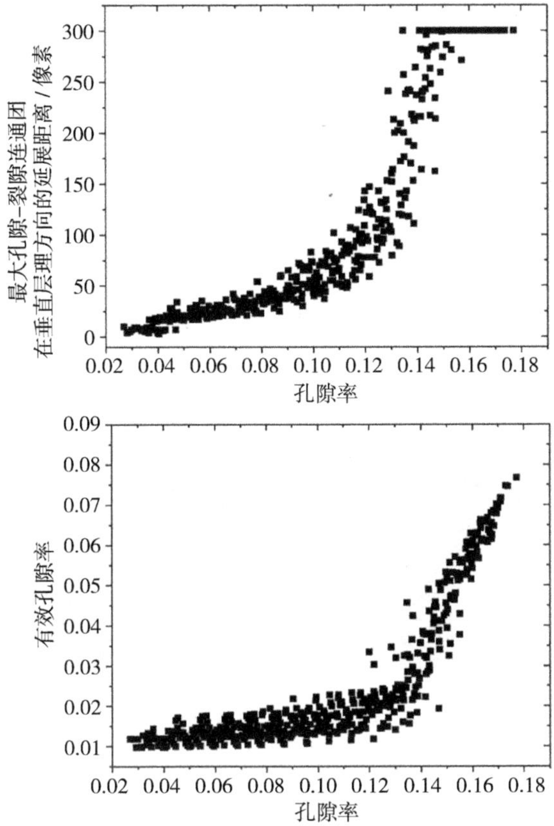

图 3-10　最大孔隙-裂隙连通团在垂直方向的延展距离和有效孔隙率随孔隙率变化的曲线(模型尺寸:300 像素×300 像素×300 像素;贯穿裂隙数量:1;分形维数:1.5)

3.5　不同温度水蒸气加热后油页岩内部孔隙、裂隙的各向异性逾渗规律

3.5.1　重整化群的基本方法及其在油页岩三维数字岩芯处理中的应用

为便于利用自主开发的程序进行油页岩孔隙、裂隙连通特性的分析，本书基于重整化群的思想将油页岩数字岩芯的尺寸和像素分辨率进行了调整。美国物理学家 Wilson[167]最早将把量子场论中的重整化群思想用于研究临界现

象，提出重整化群在不动点附近具有类似的性质，取得了相变临界现象研究的重大突破。重整化群方法的基本思想为：系统在临界点附近关联长度趋于无穷大，也就是说通过改变有限的自然尺度去观测系统均可以得到类似的结果，即系统具有自相似性或标度不变性。这就意味着可以放大尺度去评价系统的行为，尺度放大后不可避免地会损失系统的某些细部特性，但这并不影响研究系统的主要特性，如图 3－11 所示。本书基于这个方法，能够在保证油页岩孔隙、裂隙结构主要特征不会丢失的前提下研究较大尺度范围的油页岩孔隙、裂隙特征。应用重整化群方法处理后的油页岩 CT 图像每个像素的真实长度为 15 μm。基于重整化群方法就可以得到尺寸和像素分辨率调整后的油页岩三维数字岩芯。

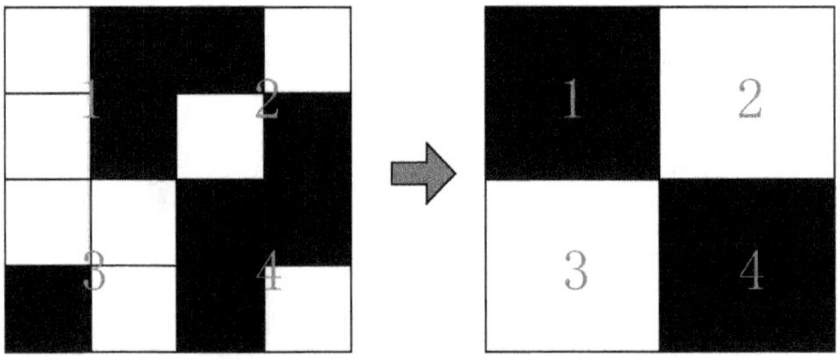

图 3－11　重整化群方法示意图

3.5.2　不同温度水蒸气加热后油页岩内部孔隙、裂隙各向异性逾渗规律

油页岩可以看作一种孔隙-裂隙双重介质。孔隙-裂隙双重介质由固体骨架、孔隙和裂隙构成，孔隙空间和裂隙空间共同构成了介质中的空隙空间。随机分布的孔隙和裂隙相互连通从而构成了较大的连通团，其中体积最大的团称为最大团。随着孔隙率的增加，许多团相互连通形成更大的孔隙集团，当孔隙率达到某一临界值时，最大团的体积会急剧增加并导通有限的研究区域边界，使得研究区域相对的边界形成贯穿的渗流通道。

不同水蒸气温度热解后油页岩的有效孔隙率与热解温度和孔隙率的关系曲线如图 3－12 所示。由图 3－12 可以看出，油页岩的有效孔隙率在 25 ℃到 314 ℃增加缓慢，314 ℃到 511 ℃增加较快，511 ℃后快速增加。常温下有效孔隙率很小，其值为 0.047%，说明 25 ℃时油页岩内部所有孔隙团体积规模都很

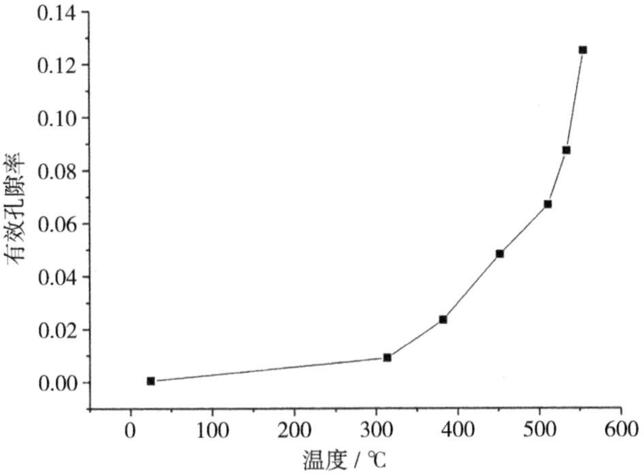

（a）有效孔隙率随温度变化的规律

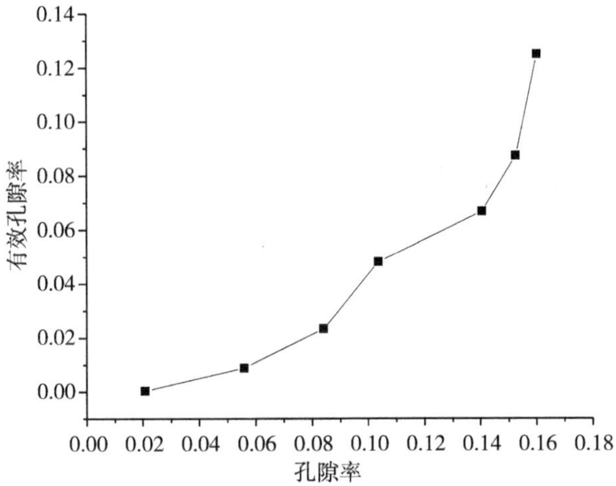

（b）有效孔隙率随孔隙率变化的规律

图 3 - 12　油页岩的有效孔隙率随温度和孔隙率变化的规律

小，未形成能够主导孔隙、裂隙空间的孔隙-裂隙连通团。有效孔隙率总体上随孔隙率的增加而增加。与理想均质多孔介质的有效孔隙率变化曲线不同，油页岩有效孔隙率随孔隙率的变化曲线波动性较大，这是因为油页岩具有极强的非均质性和各向异性，最大孔隙-裂隙连通团的演变方式更加复杂，且具有明显的各向异性特征。图 3 - 13 展示的是对应温度水蒸气作用后油页岩内部的最大孔隙-裂隙连通团和发生了逾渗转变的孔隙-裂隙连通团，其中用深灰色表示的是最大孔隙-裂隙连通团，用其他较浅的灰度表示的是除最大孔隙-裂隙连通团以外发生了逾渗转变的孔隙-裂隙连通团。常温下最大团的空间分布情况如图 3－13(a)所示。从图中可以看出，最大团其实是一个相对较大的孔隙，说明常温下油页岩较为完整和致密，基本没有裂隙出现，渗透性较低。314 ℃的水蒸气作用后，有效孔隙率没有明显地增加，但是油页岩内部已经发生逾渗转变，这是由于油页岩内部产生了少量裂隙，并且沿层理方向贯穿了整个研究区域。这表明油页岩在平行层理方向上的逾渗阈值较低，平行层理方向发生逾渗转变时的温度也较低。由图 3－13(b)可以看到，有两个单一的裂隙沿着 Z 轴方向贯穿整个研究区域，此时的有效孔隙率为 0.899％。随着水蒸气温度的进一步升高，油页岩内部的最大团已经不再是单一的孔隙或者裂隙，而是由大量孔隙和裂隙相互连通形成的孔隙-裂隙连通团。在 300 ℃以后，油页岩内部产生一系列孤立的裂隙，这些裂隙中尺寸较大的首先沿层理方向贯穿整个研究区域。随着干酪根的热解，油页岩内部新产生一系列孔隙，新产生的孔隙会连通临近的裂隙，导致油页岩内的最大孔隙-裂隙连通团沿垂直层理的方向扩展，体积持续增大，如图 3－14 所示。到 555 ℃时，最大孔隙-裂隙团已经连通了整个研究区域，油页岩内部发生了逾渗转变的孔隙-裂隙连通团由多个合并为一个，此时的有效孔隙率达到了 12.50％。从图 3－13(c)到图 3－13(g)可以看出，随着水蒸气温度的升高，最大孔隙-裂隙连通团沿垂直层理方向不断地同其他原本孤立的孔

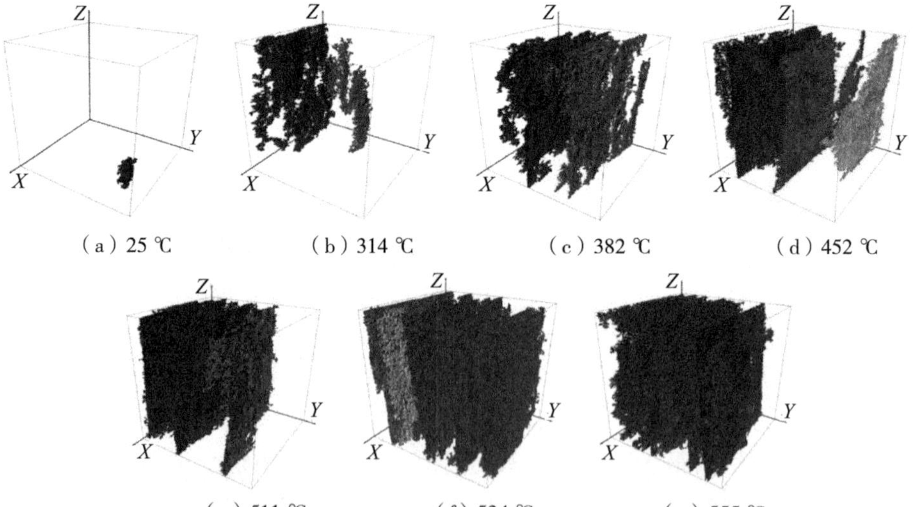

(a) 25 ℃　(b) 314 ℃　(c) 382 ℃　(d) 452 ℃

(e) 511 ℃　(f) 534 ℃　(g) 555 ℃

图 3－13　最大孔隙-裂隙团和发生了逾渗转变的孔隙-裂隙连通团的空间分布

隙-裂隙连通团结合，导致体积不断增大。这表明垂直层理方向的逾渗阈值较大，且发生逾渗转变的温度较高(高于 500 ℃)。

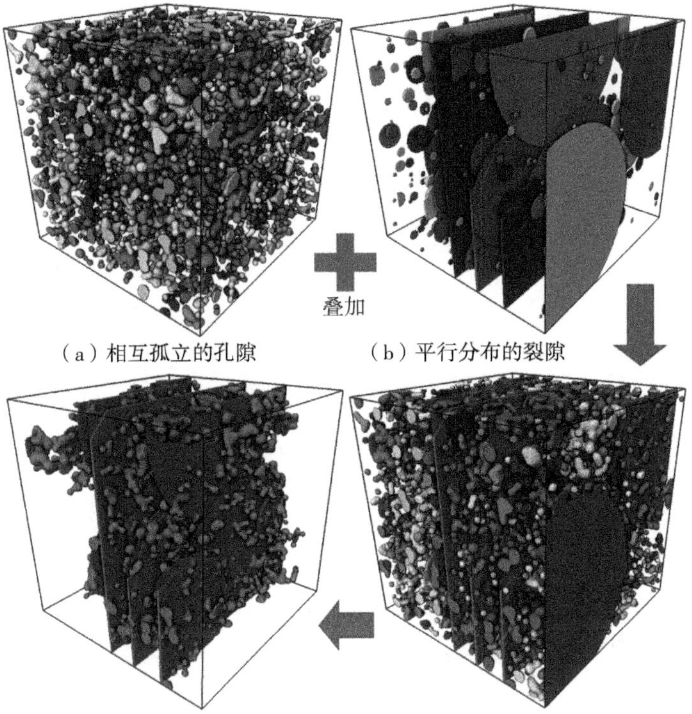

(a) 相互孤立的孔隙　(b) 平行分布的裂隙

(d) 最大孔隙-裂隙连通团　(c) 孔隙-裂隙双重介质

图 3-14　孔隙、裂隙相互贯通形成较大孔隙-裂隙连通团的示意图

在每个水蒸气温度下，将单个孔隙或裂隙按照尺寸划分为不同的组，得到孔隙、裂隙体积与平均等效孔隙直径的关系曲线(以概率密度函数和累计分布函数表示)，如图 3-15 所示。从图中可以看出，在 25 ℃时，油页岩内部的空隙空间主要由等效孔隙直径为 1～30 像素(研究区域大小为 390 像素×390 像素×390 像素，每个像素的实际尺寸为 15 μm)的孔隙主导，占总空隙空间的 80%以上，最大孔隙团的等效孔隙直径为 55 像素。随着温度的升高，油页岩内部的空隙空间逐渐由大的孔隙-裂隙连通团主导。当温度为 314 ℃时，最大孔隙-裂隙连通团的等效孔隙直径为 100 像素，占总空隙空间的 16.0%，尺寸第二的孔隙-裂隙连通团等效孔隙直径也达到了 69 像素，占总空隙空间的 5.3%。此时，研究区域内出现了两个发生逾渗转变的孔隙-裂隙连通团，如图 3-15(b)所示。随着温度的进一步升高，研究区域范围内先是出现两到三个体积较大的

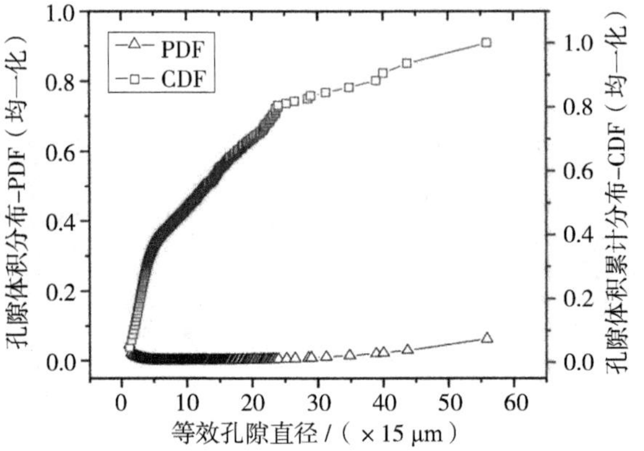

（a）25 ℃

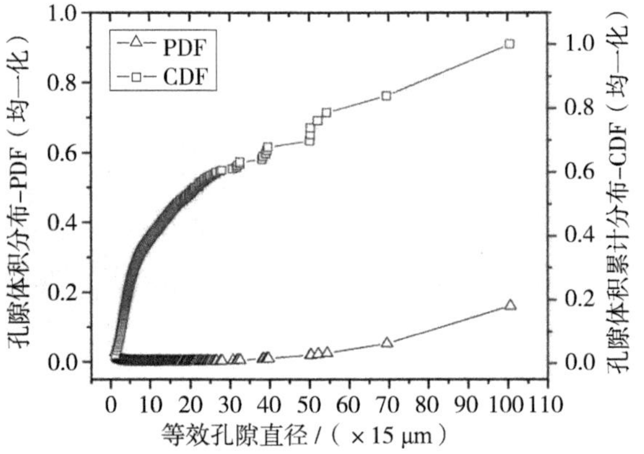

（b）314 ℃

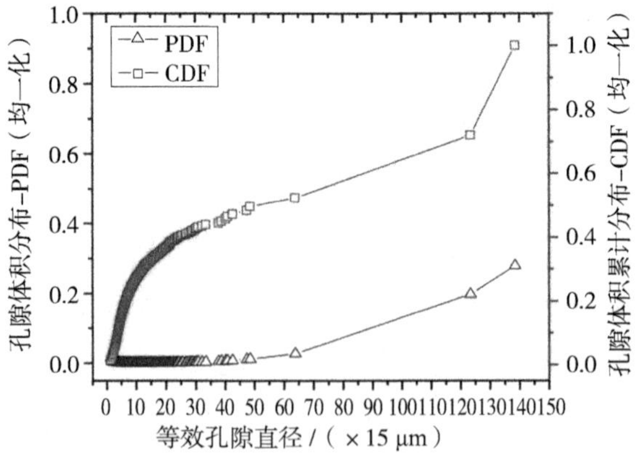

（c）382 ℃

图 3-15　不同水蒸气温度作用下油页岩内部孔隙分布规律

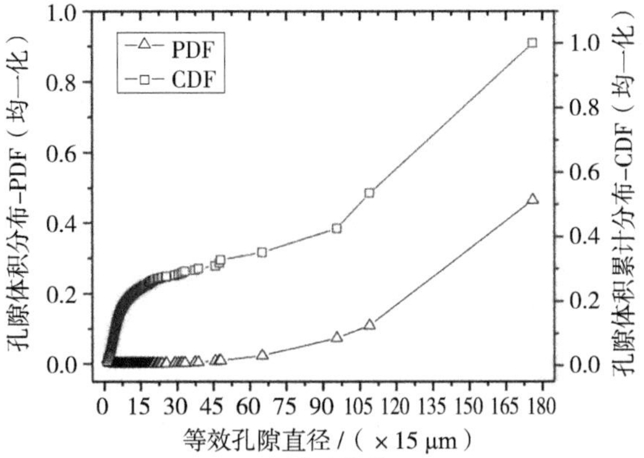

（d）452 ℃

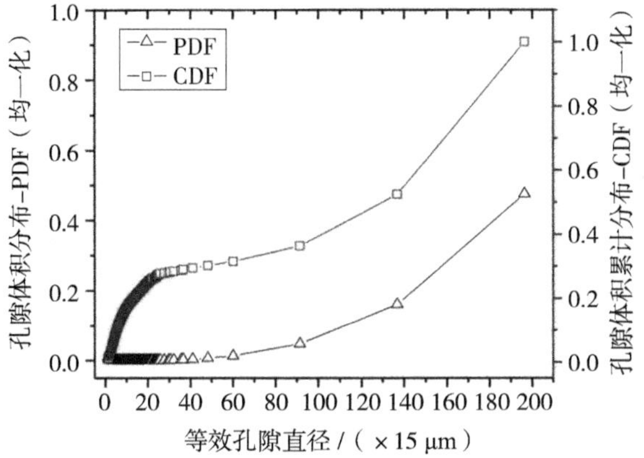

（e）511 ℃

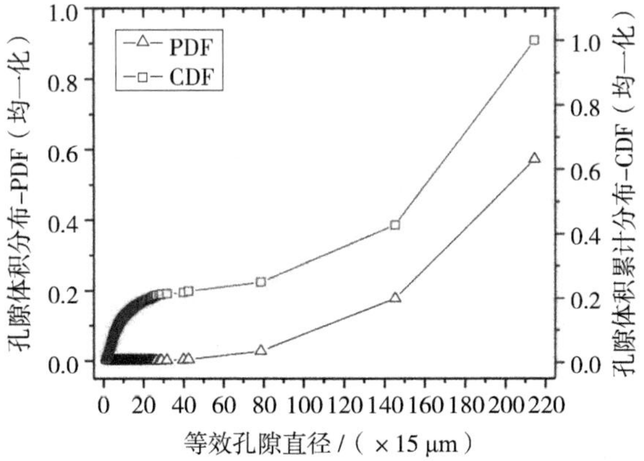

（f）534 ℃

图 3-15　（续）

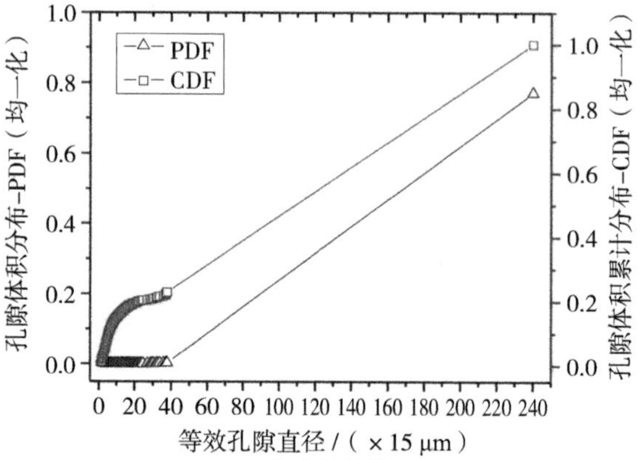

（g）555 ℃

图 3－15 （续）

孔隙-裂隙连通团，这些连通团中逐渐形成一个体积占主导的孔隙-裂隙连通团。当温度为 555 ℃时，研究区域内形成了一个占主导的孔隙-裂隙连通团，其等效孔径达到了 240 像素，占总空隙空间的 77.2%，尺寸第二的孔隙-裂隙连通团仅占总空隙空间的 3.0%。

由上述分析可知，随着水蒸气温度的增加，油页岩内最大孔隙-裂隙连通团的演化路径具有极强的各向异性特征。油页岩内最大孔隙-裂隙连通团在三维空间中的延展距离随水蒸气温度变化的规律如图 3－16 所示。X 方向和 Z 方向均是平行层理的方向，Y 方向是垂直层理的方向。从图中可以发现，25 ℃时，最大孔隙-裂隙连通团在三个方向上延展距离都较小。随着温度的增加，最大孔隙-裂隙连通团很快就沿 X 和 Z 方向导通了研究区域的边界。表明在平行层理方向，由于裂隙的产生，油页岩在该方向上的渗流通道很快就会形成。在 Y 方向上，最大孔隙-裂隙连通团的延展距离在 25 ℃时只有 36 像素，314 ℃时增加到了 93 像素，相比于温度的升高，在此阶段最大连通团在 Y 方向上的增加速度不太明显，这是由于在此温度段，油页岩的热解尚未开始，油页岩内部虽然已经产生部分裂隙，但这些裂隙基本上都相互平行，未在垂直层理方向连通。当温度增加到 382 ℃时，最大连通团在 Y 方向上的距离达到了 189 像素，比 314 ℃时的延展距离扩大了一倍多，表明此阶段油页岩开始热解并产生新的孔隙，相邻裂隙开始通过新生成的孔隙而相互连通。452 ℃和 511 ℃最大孔隙-裂隙连通团在 Y 方向的延展距离持续增加，但增速较慢，可能是由于新产生的孔隙部分被持续热解产生的页岩油堵塞而无法进一步连通相邻裂隙。当温度高于 500 ℃时，油页岩热解产物持续外排，随着水蒸气的流动而运移出去，被热解产物堵塞的孔隙空间得以疏通，导致最大孔隙-裂隙连通团在 Y 方向上快速延展并贯穿研究区域边界。

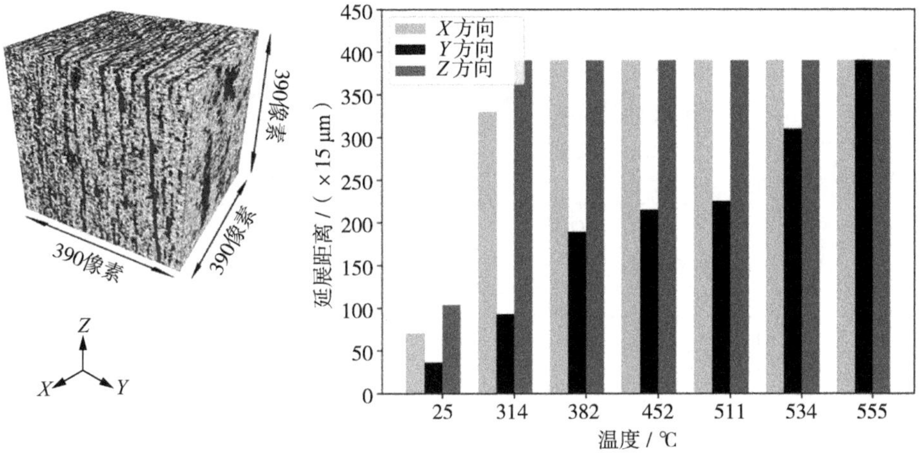

图 3-16　最大孔隙团在不同层理方向上的延展距离随温度变化的规律

利用水蒸气作为载热气体原位高效加热油页岩的关键是将高温水蒸气注入油页岩矿层，而油页岩内部的孔隙、裂隙是流体运移的主要通道。不同温度的水蒸气热解后油页岩在 XOY、XOZ、YOZ 平面上孔隙率的变化曲线如图 3-17 所示。为方便讨论，建立的油页岩三维数字岩芯层理面都平行于 XOZ 坐标平面。油页岩是一种具有极强的各向异性特性的岩石，从图 3-17 中可以看出，平行于 XOY 和 YOZ 平面的切片孔隙率波动很小，两条曲线近乎重合，而在平行 XOZ 平面的方向上，孔隙率有很大的波动。这是因为沿层理方向上，由于裂隙的存在，当切片移动到裂隙的位置时，孔隙率就会急剧上升，而当切片移动到没有裂隙的位置时切片的孔隙率则变得很低。相对于裂隙而言，孔隙规模较小，对孔隙率的贡献较小，因此在平行 XOZ 平面的方向上，除裂隙以外的地方，孔隙率基本上低于该温度下的平均孔隙率。值得注意的是，25 ℃时，在平行 XOZ 平面的方向上也存在几个峰值，但最大值都未超过 10%，笔者推测可能是由细小的原生裂隙或者尺寸较大的孔隙引起的。从图 3-16 中可以看到，25 ℃时最大孔隙团在三个方向上的长度分别为 X 方向 70 个像素，Y 方向 36 个像素，Z 方向 104 个像素，表明最大孔隙-裂隙连通团在空间中呈扁平状，且在 Y 方向上长度最小。

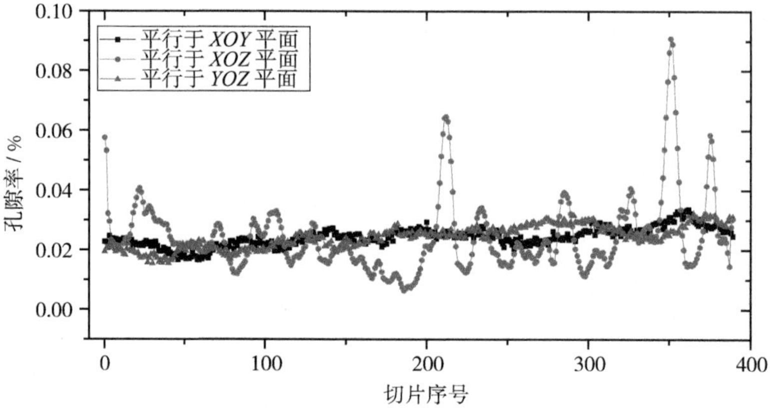

（a） 25 ℃平均孔隙率：2.08%

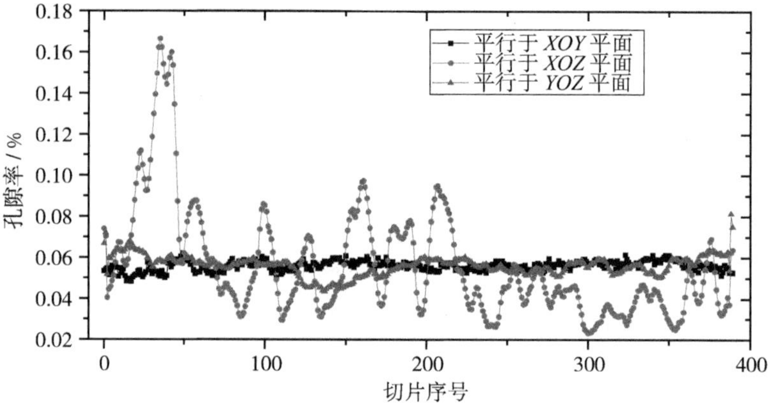

（b） 314 ℃平均孔隙率：5.60%

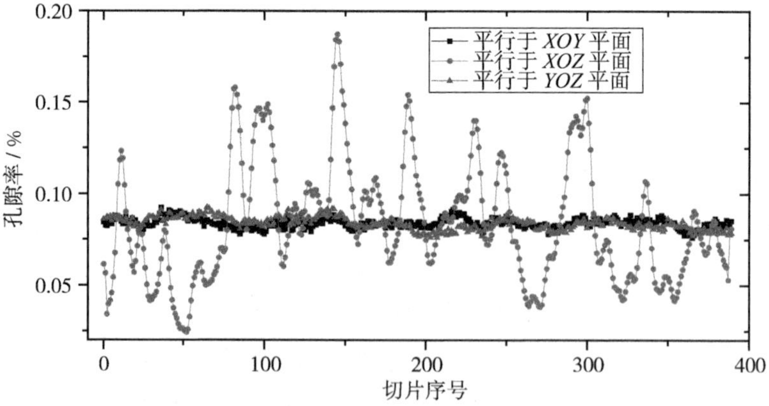

（c）382 ℃平均孔隙率：8.40%

图 3－17　不同方向不同切片位置的孔隙率分布

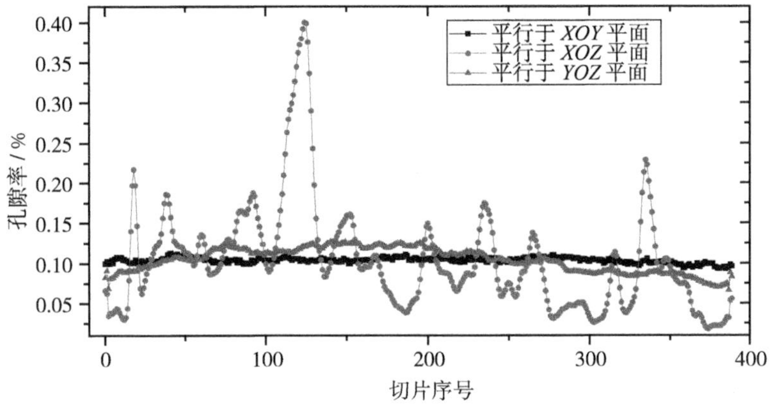

（d）452 ℃平均孔隙率：10.37%

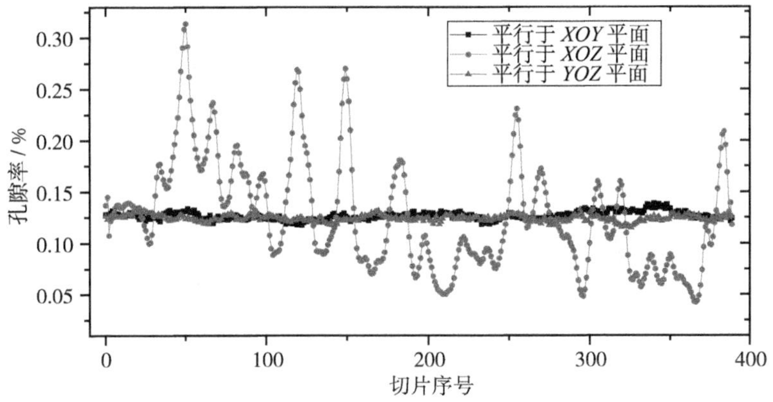

（e）511 ℃平均孔隙率：14.05%

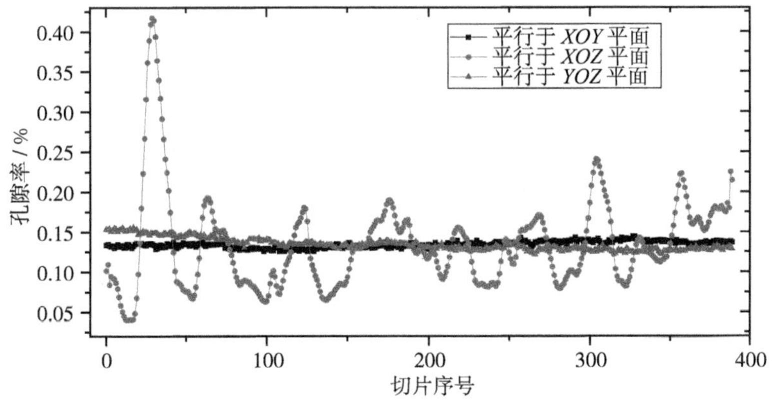

（f）534 ℃平均孔隙率：15.25%

图 3－17 （续）

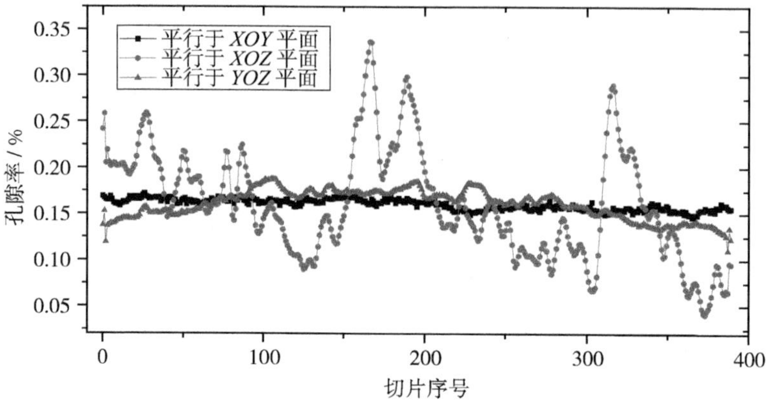

（g）555 ℃平均孔隙率：16.01%

图 3-17 （续）

Wang 等[43]研究了垂直和平行层理方向油页岩渗透率随温度变化的规律，油页岩渗透率随温度变化的曲线如图 3-18 所示。垂直层理方向的渗透率在 25～450 ℃时都在 10^{-20} m^2 之下，处于超低渗阶段。当温度超过 450 ℃以后，渗透率有显著地增加，到 550 ℃时达到最大值。这与油页岩内部最大孔隙-裂隙连通团在垂直层理方向扩展的规律大致吻合，因此可以认为，相互连通的孔隙-裂隙连通团构成了油页岩内部渗流的主要通道。在低温阶段，油页岩内部虽然会产生平行层理的裂隙，但裂隙之间相互孤立，极少有交叉裂隙存在，随着

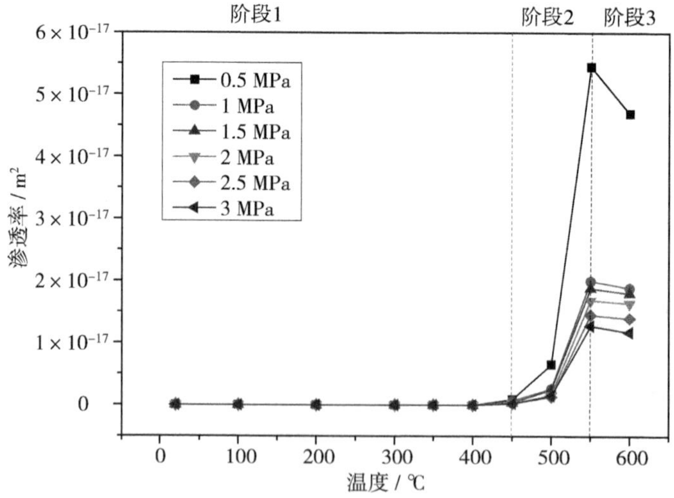

（a）垂直层理方向

图 3-18 不同层理方向油页岩渗透率随温度变化的关系曲线[43]

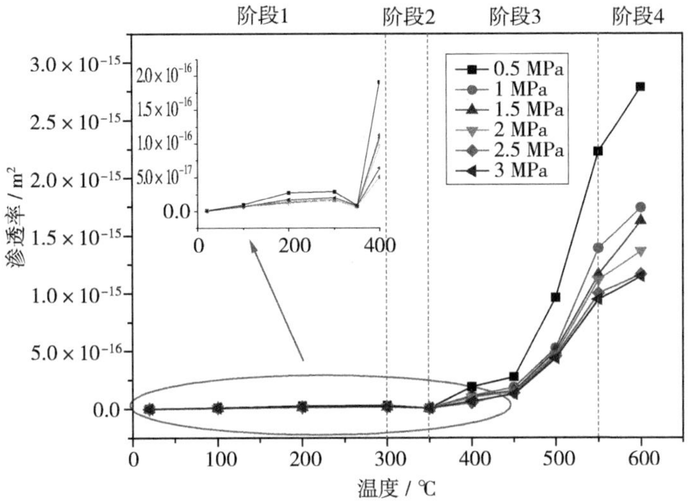

（b）平行层理方向

图 3-18 （续）

温度的升高，干酪根热解后形成连通相邻裂隙的孔隙团，使得原本相互孤立的裂隙相互连通，进而导致垂直层理方向的渗透率增加。平行层理方向的渗透率在 25～400 ℃的时候都处于较低的水平，温度高于 400 ℃后渗透率急剧增加。无论在什么温度下，油页岩平行层理方向的渗透率都远远大于垂直层理方向的渗透率。从图 3-17 中可以发现，无论温度如何变化，在平行 *XOZ* 平面的方向上都存在孔隙率低于 5%的切片。最大孔隙-裂隙连通团在这些低谷的位置尺寸急剧收缩，这是油页岩在垂直层理方向渗透率远低于平行层理方向渗透率的主要原因。

3.6 本章小结

本章基于座逾渗理论，首先提出了一种新的晶格填充方法，可用于模拟生成具有不同孔隙分布特征的多孔介质模型。在此基础上，研究了孔隙分布特征（孔隙率、孔隙数量分布和孔隙体积分布）对逾渗阈值的影响，并基于研究结果解释了油页岩孔隙层面逾渗阈值远低于经典的座逾渗模型的逾渗阈值的原因。随后，基于第 2 章的研究结果提出生成考虑孔隙分布特征和裂隙各向异性的孔隙-裂隙双重介质的方法。并基于此研究了垂直层理方向上孔隙-裂隙双重介

质的逾渗阈值范围。最后,基于真实的油页岩数字岩芯分析了油页岩孔隙、裂隙的各向异性逾渗规律。主要结论如下:

① 将孔隙分布特征影响因子 m 引入经典的座逾渗模型中,使改进的座逾渗模型能更好地描述油页岩等天然多孔介质的逾渗规律。结果表明:多孔介质的孔隙连通性由孔隙率和孔隙分布特征共同决定,仅以孔隙率作为衡量指标会对孔隙连通性产生误判。在三维多孔介质中,逾渗阈值随孔隙分布特征影响因子 m($m \leqslant 40$)的增大而减小。模拟结果揭示了油页岩等天然多孔介质的逾渗阈值低于理想均质多孔介质的原因,即天然多孔介质中新生成的孔隙都具有一定的尺寸,且孔隙形状具有很强的随机性,这与经典的座逾渗模型通过每次随机占据一个网格来生成新孔隙的过程截然不同。这也导致天然多孔介质孔隙分布的非均质性更强。在孔隙率相同的情况下,随着 m 值的增大,三维多孔介质中的孔隙数量急剧减少。孔隙数量的减少意味着孔隙体积的增加。由于每个孔隙的形状和分布位置都是随机的,孔隙体积越大,越容易合并形成更大的孔隙团,从而导致逾渗阈值降低。

② 考虑裂隙平行分布的孔隙-裂隙双重介质在垂直层理方向上的逾渗阈值在15%以上。由于在模型生成的过程中考虑了裂隙的开度,裂隙数量越多,对孔隙率的贡献越大。但是,平行分布的裂隙对垂直层理方向的连通性的贡献较弱,因此裂隙分形维数越大,贯穿整个多孔介质的裂隙数量越多,垂直层理方向的逾渗阈值也就越大。在地层压力条件下,油页岩裂隙开度不会太大,因此,油页岩垂直层理方向的逾渗阈值会低于15%。

③ 基于真实的油页岩数字岩芯分析可知,油页岩在平行层理方向上很容易形成贯穿整个数字岩芯的裂隙通道。在平行层理方向上,由于裂隙的发育,油页岩在314 ℃左右就发生了逾渗转变,此时的孔隙率低于6%。但是,在垂直层理方向上,当孔隙率达到14%以上才能形成连通的渗流通道。也就是说,油页岩垂直层理方向上的逾渗阈值在14%以上,与数值模拟的结果基本一致。

④ 水蒸气加热下油页岩孔隙、裂隙的各向异性逾渗特征对原位注热开采油页岩工艺具有积极意义。一方面,油页岩平行层理方向的逾渗阈值小,发生逾渗转变的温度低。这表明在水蒸气加热下,油页岩内部容易形成沿层理分布的水蒸气通道,有利于水蒸气进入矿层对油页岩进行高效加热。另一方面,油页岩垂直层理方向的逾渗阈值大,发生逾渗转变的温度高。这表明,水蒸气在油页岩矿层中难以跨层流动,有效地防止了水蒸气向目标矿层以外的区域流动并导致大量无效加热,这有利于油页岩原位注热开采的高效对流加热。

第 4 章　过热水蒸气加热下油页岩裂隙渗透特征演变规律研究

4.1　油页岩试件制备、实验设备及实验方法

4.1.1　油页岩试件的制备

渗流实验和 CT 扫描实验所用的油页岩试件取自新疆巴里坤油页岩露天矿。试件在现场封蜡后运回实验室，然后利用砂线切割机切出直径 50 mm、高度 100 mm 的圆柱形油页岩试件。切取试件的位置含有一条天然裂隙，因此得到的油页岩圆柱试件自带一条沿层理方向分布的裂隙。用于渗流实验和 CT 扫描实验的油页岩试件共有 7 个，分别编号为 S1 到 S7，如图 4－1 所示。

图 4－1　含单裂隙油页岩试件（S1～S7）

用于热台显微观察的油页岩试件取自新疆巴里坤，与用于渗透率测试的试件来自同一沉积层位。在准备油页岩试件时，首先选取完整性较好的油页岩块，用粗砂纸沿垂直于层理的方向打磨至厚度低于 1 mm 的薄片，随后再用 3 000 目的细砂纸将观察面打磨平滑。需要注意的是，由于用热台显微镜观察油页岩使用的是反射光，观察面如果过于光滑会反射强光，导致成像质量的下降，因此要控制观察面的光滑度。另外，在进行精细化打磨时需要确保油页岩

薄片的厚度均匀，不然会导致观察的时候无法精准对焦。打磨完成的油页岩试件如图 4－2 所示。

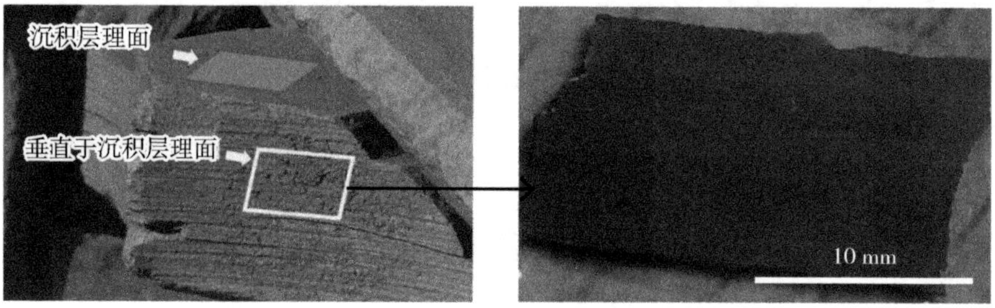

图 4－2　用于热台显微观测的油页岩试件

4.1.2　实验设备和实验方法

实验所用的高温三轴渗透测试系统能够实现传导加热和对流加热等不同模式下的渗透率测试（图 4－3）。其中，三轴应力室采用固体传压方式对所测试件施加环向应力，最大应力可达 32 MPa。与此同时，固体传压材料还起到密封的作用。与传统的橡胶套密封加载方式相比，这种加载方式可以保证温度在 600 ℃以上时的密封性和加载特性，能够满足对油页岩热解温度段（300～550 ℃）的渗透测试要求。另外，相较于铜套密封方式，这种固体传压密封方式能够适应被测试件的大变形，当铜套密封时，试件发生较大变形容易导致铜套的撕裂，进而使密封失效。本次实验采用的固体传压介质为陶瓷盘根，同时加入 8 000 目的石墨增加密封的效果。高温三轴渗透测试系统中的蒸汽发生器能够稳定提供温度为 100～350 ℃、压力最高为 5 MPa 的水蒸气，该水蒸气在进入三轴应力室后由辅助加热装置进行二次加热可使水蒸气温度达到 550 ℃以上。

采用 HandySCAN 700 非接触式激光形貌扫描仪对油页岩裂隙形貌进行扫描。该设备的测量速度能够达到 48 万次/s，扫描区域的最大尺寸可达 275 mm×275 mm，扫描精度达到了 0.050 mm，能够对尺寸范围为 0.01～4 m 的试件表面进行高精度的扫描成像。

高温水蒸气加热条件下的油页岩裂隙渗透特征演变规律实验研究步骤如下：① 对含有单裂隙的油页岩试件裂隙面进行形貌扫描，并对试件整体进行三维 CT 扫描，获得油页岩试件裂隙面的粗糙度以及油页岩内部的初始孔隙、裂

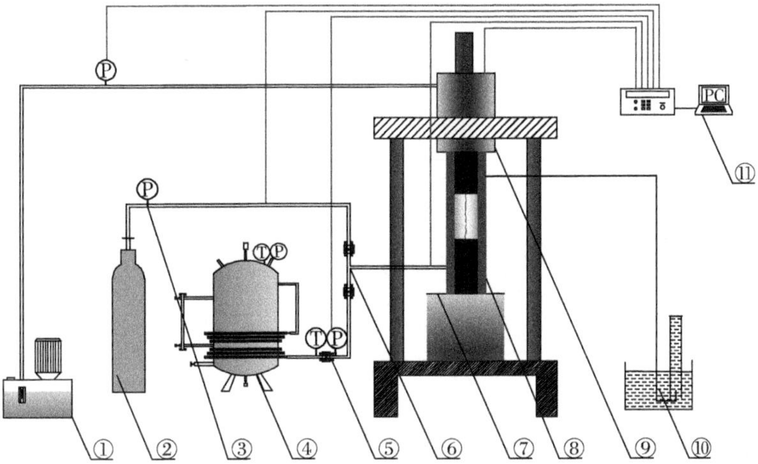

①—液压泵；②—气瓶；③—减压阀；④—蒸汽发生器；⑤—高温蒸汽阀门；
⑥—高温三通阀门；⑦—三轴应力室；⑧—油页岩试样；⑨—液压缸；
⑩—气体流量测试装置；⑪—数据采集系统。

图 4－3　高温三轴渗透测试系统

隙分布特征；② 将油页岩试件装入三轴应力室，并根据新疆巴里坤油页岩的赋存情况分别施加轴压（5 MPa）和围压（6 MPa）；③ 开启蒸汽发生器，将某一设定温度的水蒸气通入三轴应力室，使水蒸气沿裂隙通过试件加热油页岩，待油页岩被加热到设定温度后保温 6 h，关闭蒸汽注入阀门，开启氮气瓶进行渗透率测试，为了防止试件温度降低对渗透率的影响，在渗透率测试过程中开启辅助加热装置使待测试件处于恒温状态，渗透率测试时氮气注入端的气体压力分别为 0.5 MPa、1.0 MPa、1.5 MPa、2.0 MPa、2.5 MPa 和 3.0 MPa，出口端采用排水集气法测量气体流量且不设背压阀，因此出口端的气体压力为 0.1 MPa；④ 待当前温度下的渗透率测试工作完成，关闭氮气注入阀门，开启蒸汽注入阀门，将油页岩加热到下一个指定温度点后进行该温度下的渗透率测试，测试方法如前所述。

本次渗透率测试总共设置 8 个温度点，分别为 25 ℃(未加热)、200 ℃、300 ℃、350 ℃、400 ℃、450 ℃、500 ℃和 550 ℃。本次实验共有 7 个试件，每个试件的终止加热温度分别为 200 ℃、300 ℃、350 ℃、400 ℃、450 ℃、500 ℃和 550 ℃，其中终温为 400 ℃、450 ℃、500 ℃和 550 ℃的试件进行了渗透率的测试，所有试件加热后都进行 CT 扫描。另外，为了对油页岩裂隙的初始状态有一个深入的认识，在渗透率测试之前对加热终温为 400 ℃、450 ℃、500 ℃和 550 ℃的试件进行了 CT 扫描和裂隙面的形貌扫描。具体实验安排见表 4-1。

表 4-1　实验安排明细

	S1	S2	S3	S4	S5	S6	S7
加热前是否进行 CT 扫描	是	是	是	是	否	否	否
加热前是否进行裂隙面形貌扫描	是	是	是	是	否	否	否
加热终止温度/℃	550	500	450	400	350	300	200
加热过程中是否进行渗透率测试	是	是	是	是	否	否	否
加热后是否进行 CT 扫描	是	是	是	是	是	是	是

需要说明的是，本书未将实验设计为把同一个油页岩试件加热到指定温度，然后进行渗透率测试，再将油页岩试件取出来进行 CT 扫描，扫描完成后又将油页岩加热到下一个温度点并重复渗透率测试和 CT 扫描直至完成所有预定温度点的渗透率测试和 CT 扫描。原因是如果对同一个油页岩试件进行上述实验相当于对该试件进行了多次的升温降温和加载卸载，将对油页岩试件造成不可预估的损伤，所测渗透率数据的可靠性难以得到保证。

在水力压裂构造初始裂隙以及水蒸气加热产生热破裂裂隙的过程中，裂隙主要沿层理方向发育，而垂直层理方向在未受到较大的剪切力的情况下难以产生裂隙，因此本书只研究了平行层理裂隙的渗透率随水蒸气温度的变化规律，没有考虑垂直层理方向上裂隙的渗透率演化规律。

热台显微镜及其配套装置主要由光学显微镜主体、图像数据采集系统、可加热样品台、温度控制系统、氮气瓶、真空泵和冷却系统等组成，如图 4-4 所示。通过更换不同放大倍数的目镜和物镜可以实现对样本不同放大倍数条件下的观测和成像。本次实验采用的目镜的放大倍数为 5 倍，物镜的放大倍数为

20 倍。利用显微镜内置的摄像头，将放大后的试件实时影像数据传输到数据采集系统中。可加热样品台内部有加热电阻，该电阻由温度控制系统控制，最高可将试件加热至 800 ℃。温度控制系统能够精准地控制加热电阻的温度，本次实验的升温速率为 10 ℃/min，油页岩最高被加热至 550 ℃。为了防止油页岩在加热的过程中发生氧化反应影响实验结果，实验全过程都需要保证油页岩试件与氧气隔绝。可加热样品台中放置试件的空间是密闭的，在实验开始前先将油页岩试件置于该密闭空间中，随后利用真空泵将该密闭空间内的空气抽走，再通入氮气，使油页岩试件处于氮气氛围下被加热。此外，为了防止可加热样品台的高温对物镜等精密部件造成不可逆的损害，在可加热样品台的上、下都接入了水循环用于防止温度往样品台外部传导。

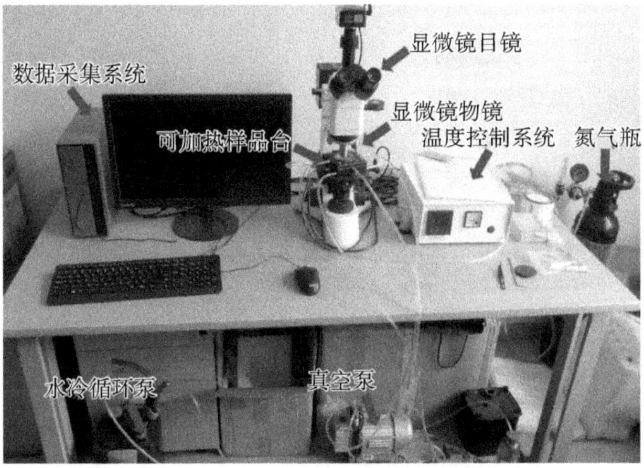

图 4-4　热台显微镜及其配套装置图

4.2　不同温度水蒸气加热下含单一裂隙的油页岩渗流实验结果与分析

4.2.1　油页岩裂隙形貌特征分析

裂隙表面粗糙度系数(JRC)最早由 Barton 提出[168]，常被用来描述裂隙表面的平整或粗糙程度。Barton 通过对大量的实验结果进行归纳总结，定义了 10 条标准裂隙剖面轮廓线[169]，将裂隙的表面粗糙度进行了定量化的表征。随后又涌现出大量定量化表征裂隙表面粗糙度的方法[170-171]。裂隙表面轮廓线的

均方根的一阶导数 Z_2 与裂隙的粗糙度系数具有良好的相关性[172-173]，因此本书采用下式计算油页岩的裂隙粗糙度系数：

$$Z_2=\left[\frac{1}{L}\sum_{i=1}^{n-1}\frac{(Z_{i+1}-Z_i)^2}{x_{i+1}-x_i}\right]^{1/2} \tag{4-1}$$

$$\mathrm{JRC}=28.10\log(Z_2)+28.43 \tag{4-2}$$

式中，n 为裂隙轮廓线上的坐标点数量；L 为裂隙面沿轮廓线方向的投影长度；Z_i 为坐标点 x_i 处的轮廓线高度。

为获得油页岩裂隙粗糙度系数，本章首先利用 HandySCAN 700 非接触式激光形貌扫描仪对油页岩的裂隙表面进行扫描，得到了各试件的裂隙表面形貌点云数据。然后通过三维坐标变换，使得到的三维数字化裂隙面尽量平行 XOY 平面，裂隙面的长度方向平行 X 轴，宽度方向平行 Y 轴，并使裂隙面尽量靠近 XOY 平面，如图 4－5 所示。从图 4－5 可以看出，油页岩中沿层理面分布的裂隙都较为平整，最大高差约为 6 mm。完成坐标变换后，在每个三维数字化裂隙面上 Y＝10 mm、20 mm、30 mm 和 40 mm 处选取了 4 条平行 X 轴方向的

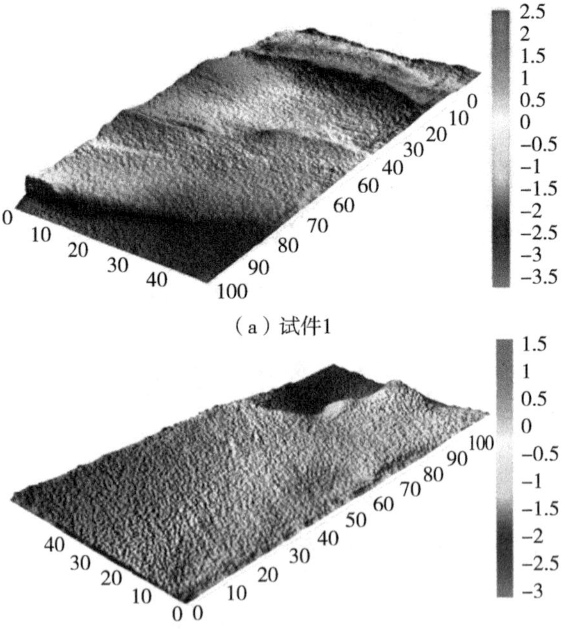

（a）试件1

（b）试件2

图 4－5　油页岩裂隙三维形貌（单位：mm）

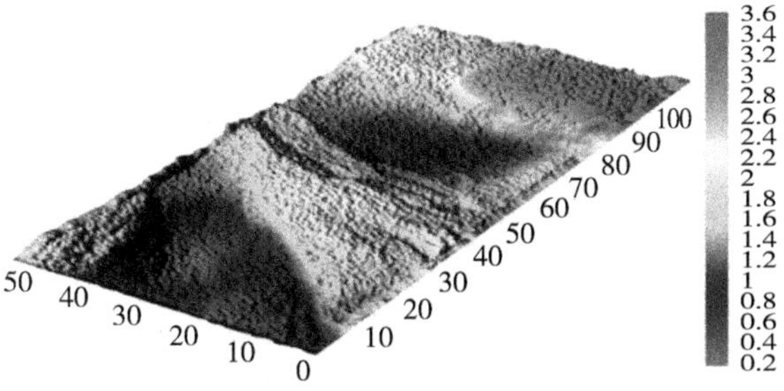

（c）试件3

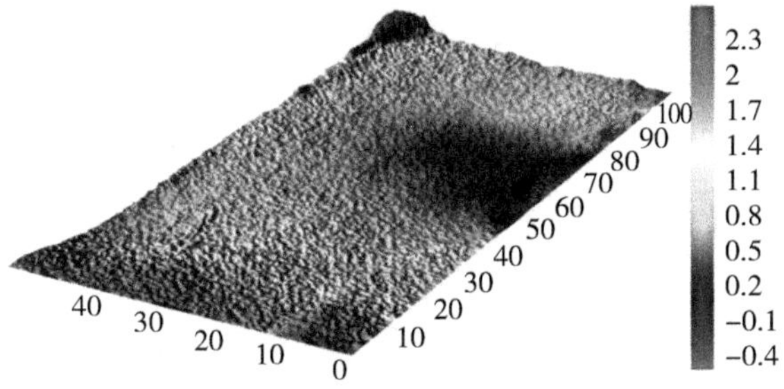

（d）试件4

图 4－5　（续）

裂隙剖面轮廓线，同时在 X＝10 mm、30 mm、50 mm、70 mm 和 90 mm 处选取了 5 条平行 Y 轴方向的裂隙剖面轮廓线，共计 9 条线用于统计每个裂隙面的粗糙度系数。本书展示了每个裂隙面沿 X 方向的 4 条裂隙剖面轮廓线，如图 4－6 所示。

利用式(4－1)和式(4－2)处理裂隙剖面轮廓线即可获得油页岩裂隙表面的粗糙度系数 JRC，结果汇总在表 4－2 中。需要说明的是，在计算粗糙度系数时，选取的节点间隔大小会对计算结果造成影响。为了使本章的计算结果能够直接参考基于 JRC 标准轮廓曲线得到的结果，在计算时采用文献[172]中的坐标间隔(0. 25 mm)。从表 4－2 可以看出，油页岩裂隙表面的粗糙度系数 JRC 较低，粗糙度最大的是试件 1，达到了 4. 43；最小的是试件 4，为 1. 36。根据 Barton 对裂隙表面粗糙度的分级[168]，油页岩层理面的粗糙度小于 5，属于平面状裂隙。上述结果表明油页岩中沿天然沉积层理形成的裂隙都较为平整。这种较为平整的裂隙面对流体的通过能力(渗透率)的影响是综合性的。一方面，由于裂隙面比较平整，流体流动过程中，流过相同的直线距离所经过的实际距离更短，有利于流体的流动。如果把含裂隙的油页岩试件看作特殊的多孔介

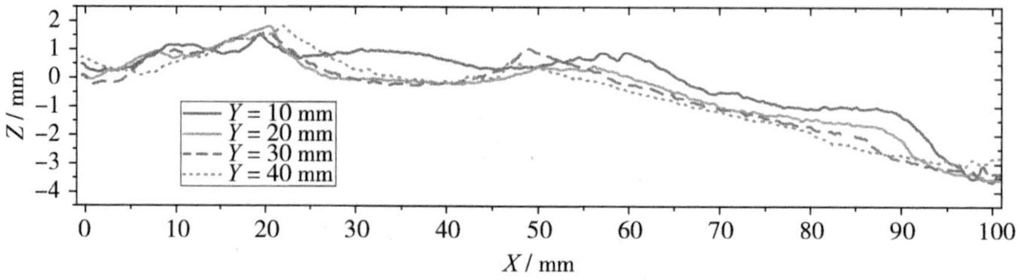

（a）试件1

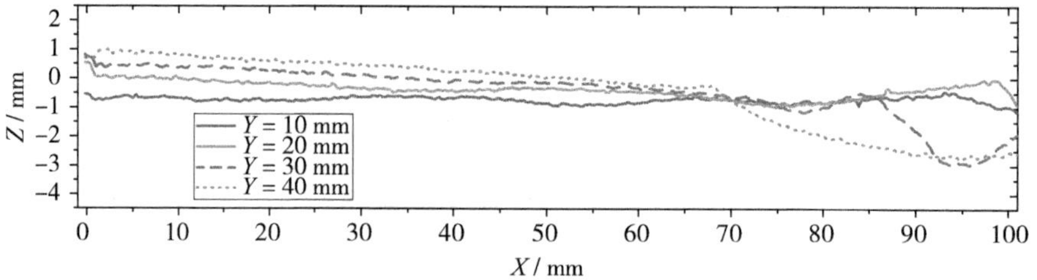

（b）试件2

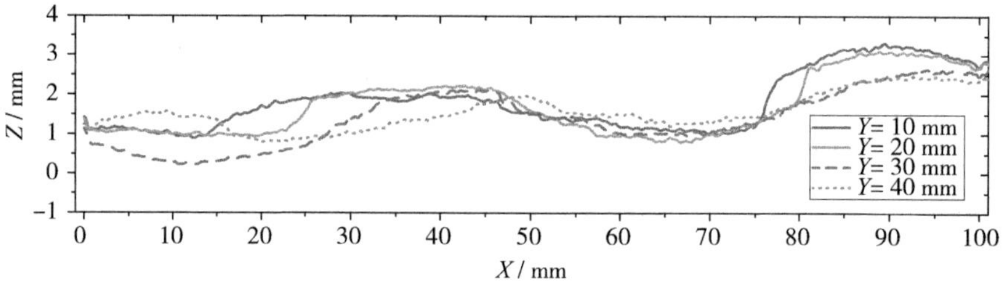

（c）试件3

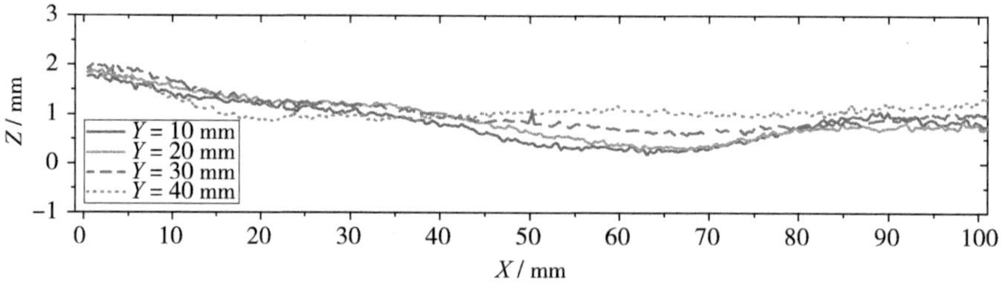

（d）试件4

图 4-6　沿 X 方向裂隙不同位置剖面轮廓线

质，裂隙的粗糙度系数越小，相当于多孔介质孔隙的迂曲度越小。另一方面，由于裂隙面较为平整，则上、下两侧裂隙面在受力状态下更容易紧密贴合，此时，裂隙中大部分空腔会消失或成为孤立的空腔，导致裂隙整体渗透率的降低。

表 4-2 油页岩裂隙表面粗糙度系数相关参数

	试件 1	试件 2	试件 3	试件 4
Z_2	0.14	0.12	0.13	0.11
JRC	4.43	2.21	3.53	1.36

4.2.2 油页岩裂隙渗透率随水蒸气温度的变化规律

本书共进行了 7 组高温水蒸气加热油页岩的实验，每组的实验条件相同，但是每组的加热终止温度不同。试件 1 到试件 7 分别加热到 550 ℃、500 ℃、450 ℃、400 ℃、350 ℃、300 ℃和 200 ℃，其中试件 1 到试件 4 在加热过程中测试了不同温度点的渗透率。四个试件在相同温度点的渗透率差异很小，渗透率随温度的变化规律一致，仅在数值上有细微差异，因此本书只对试件 1 的渗透率测试结果进行分析，其他三个试件的渗透规律不再赘述。表 4-3 列出了不同水蒸气温度和孔隙压力下试件 1 的氮气流量。由表 4-3 中氮气流量随入口端的孔隙压力的变化规律可知油页岩裂隙渗流是达西渗流，因此采用以下公式计算渗透率。

$$k=\frac{2Qp_{\mathrm{out}}L\mu}{A(p_{\mathrm{in}}^2-p_{\mathrm{out}}^2)} \tag{4-3}$$

式中，k 是所测的渗透率，m^2；Q 是氮气流量，m^3/s；p_{out} 是出口端的气体压力，MPa；p_{in} 是注入端的气体压力，MPa；L 是被测油页岩试件沿着气体流动方向的长度，m；μ 是气体的动力黏度，MPa・s；A 是油页岩试件垂直于渗流方向的截面积，m^2。

根据式(4-3)计算得到的油页岩试件 1 的渗透率见表 4-4，将不同试件的渗透率随温度的变化规律整理为图 4-7。对比图 4-7 中四个图可知，四个试件在相同温度点的渗透率差异不大，且渗透率随温度的变化规律一致，仅在数值上存在一定的差异，因此本书仅针对试件 1 的渗流规律进行分析。由图 4-7(a)可知，含单一裂隙油页岩的渗透率随水蒸气温度的增加，其变化规律可以分为两个阶段。第一个阶段为 25 ℃到 350 ℃。在该阶段，含单一裂隙油页岩的渗透率随水蒸气温度的升高而降低。25 ℃时油页岩的渗透率最大，0.5 MPa 的注入气体压力下的渗透率达到了 $3.999\times10^{-15}\ \mathrm{m}^2$，3.0 MPa 的注入气体压力下的渗透率为 $2.523\times10^{-15}\ \mathrm{m}^2$。在 200 ℃的水蒸气加热后，含单一裂隙油页岩的渗透率下降十分明显，0.5 MPa 的注入气体压力下的渗透率下降到 $0.515\times10^{-15}\ \mathrm{m}^2$，3.0 MPa

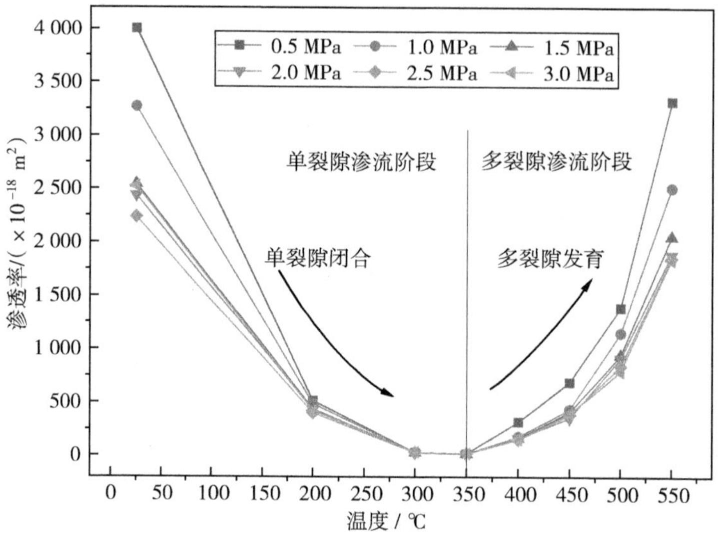

（a）试件1（加热终止温度为550 ℃）

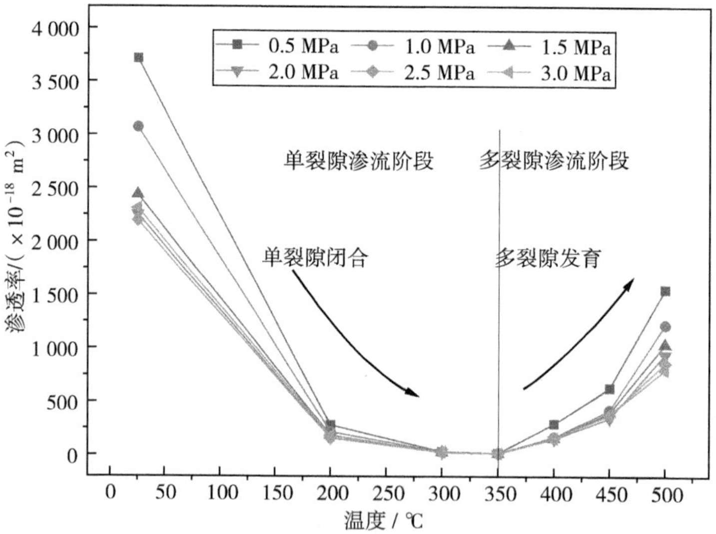

（b）试件2（加热终止温度为500 ℃）

图 4－7　渗透率随水蒸气温度变化的曲线

的注入气体压力下的渗透率下降到了 0.419×10^{-15} m^2。当温度进一步升高到 300 ℃和 350 ℃时渗透率已经比常温下的低了两个数量级。350 ℃时，0.5 MPa 的注入气体压力下的渗透率仅为 0.020×10^{-15} m^2，3.0 MPa 的注入气体压力下的

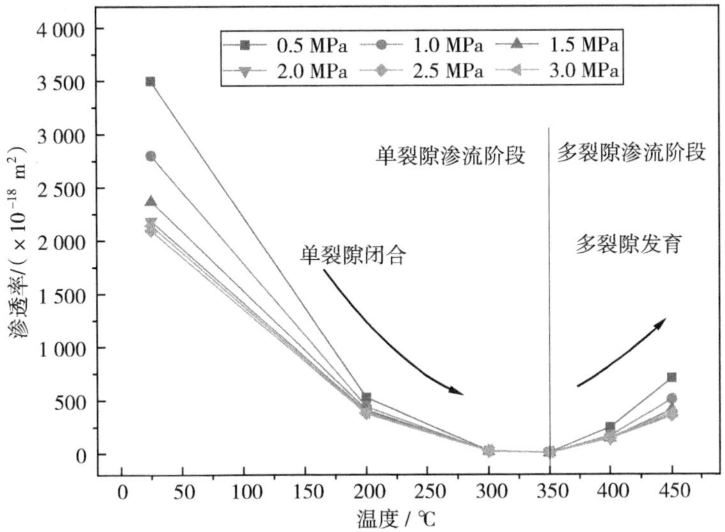

（c）试件3（加热终止温度为450 ℃）

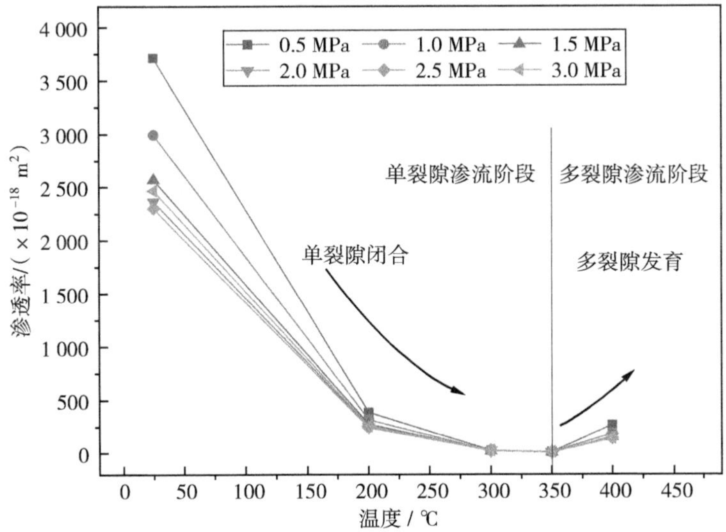

（d）试件4（加热终止温度为400 ℃）

图 4－7　（续）

渗透率仅为 0.017×10^{-15} m²。第二阶段为 350 ℃到 550 ℃的渗透率增大阶段。当温度高于 350 ℃以后，含单一裂隙油页岩的渗透率随水蒸气温度的升高而升高，且渗透率的升高速率也越来越大。当水蒸气温度到达 550 ℃时，含单一裂隙油页岩的渗透率就增加到与常温时的渗透率在同一数量级了，但是略低于常温下的渗透率。

表 4-3　不同水蒸气温度和孔隙压力下试件 1 的氮气流量(mL/s)

水蒸气温度/℃	入口端孔隙压力/MPa					
	0.5	1.0	1.5	2.0	2.5	3.0
25	5.232 5	17.647 1	31.034 5	52.941 1	76.076 7	123.671 4
200	0.673 7	2.616 6	5.294 1	9.317 3	13.554 4	20.548 1
300	0.044 1	0.168 5	0.357 1	0.569 6	0.967 7	1.507 2
350	0.026 1	0.089 4	0.177 5	0.309 3	0.499 5	0.855 9
400	0.416 7	0.967 7	2.013 4	3.557 3	5.159 1	7.658 1
450	0.900 2	2.342 8	4.954 6	7.692 3	13.062 5	19.148 9
500	1.817 7	6.200 1	11.485 5	19.830 6	28.537 8	38.602 8
550	4.347 8	13.538 5	25.076 9	41.000 1	63.044 9	90.001 2

表 4-4　不同水蒸气温度和孔隙压力下试件 1 的渗透率($\times10^{-18}$ m^2)

水蒸气温度/℃	入口端孔隙压力/MPa					
	0.5	1.0	1.5	2.0	2.5	3.0
25	3 999	3 270	2 542	2 434	2 236	2 523
200	515	485	434	428	398	419
300	34	31	29	26	28	31
350	20	17	15	14	15	17
400	318	179	165	164	152	156
450	688	434	406	354	384	391
500	1 389	1 149	941	912	839	788
550	3 323	2 509	2 054	1 885	1 853	1 836

图 4-8 所示为不同温度下油页岩渗透率随注入端流体压力变化的曲线。由图 4-8 可知，从常温到 450 ℃，油页岩的渗透率在孔隙压力较小的时候(一般低于 2.5 MPa)都随着孔隙压力的增加而减小，减小的幅度随着孔隙压力的增大而减小，当孔隙压力进一步增加(大于等于 2.5 MPa)时，渗透率又开始增大。这是由于本次实验采用的是氮气来测渗透率，在孔隙压力较小时，油页岩孔隙、裂隙中的气体流速较小，滑脱效应明显，渗透率较大。随着孔隙压力的增高，滑脱效应逐渐减弱，渗透率也逐渐降低。但是，油页岩试件所受的有效应力不断随着孔隙压力的增大而减小。有效应力减小将会导致油页岩固体基质的变形发生部分恢复，进而导致油页岩渗透率的增加。这就是当温度不超过

450 ℃时油页岩渗透率随着孔隙压力的增加先减小后增大的原因。当温度高于 450 ℃时，油页岩渗透率随着孔隙压力的增加而减小，当孔隙压力达到 1.5 MPa 以上时，渗透率的减小速率就明显变小，但是当孔隙压力达到 3.0 MPa 时渗透率未出现上升的趋势。这是由于当温度高于 450 ℃后，油页岩在温度和压力的共同作用下发生了软化和变形，产生了大量孔隙和裂隙且已经发生了一定程度的挤压变形，渗流通道的连通性并未显著提高。高温状态下的油页岩对孔隙压力的敏感程度明显低于低温状态，油页岩固体骨架并未因为孔隙压力的增大而发生较大变形。当然，如果孔隙压力进一步增大，高温段油页岩的渗透率应该也会像低温段一样出现增加的趋势。

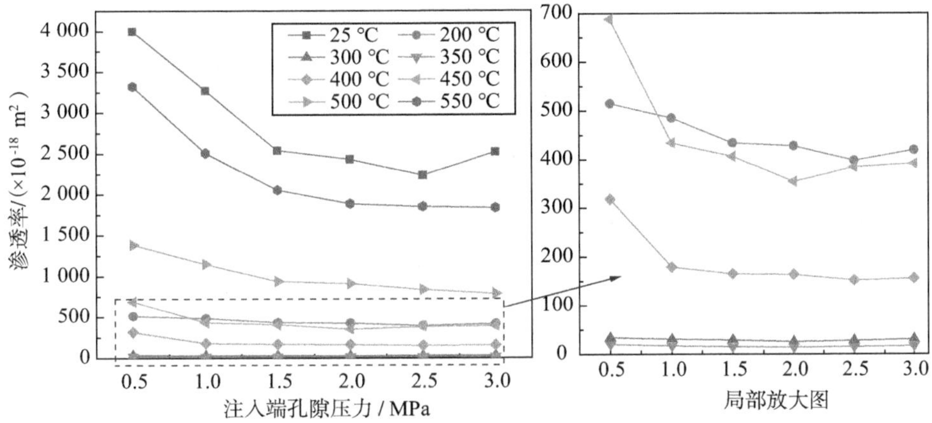

图 4-8 渗透率随注入端孔隙压力变化的曲线(试件 1)

4.2.3 不同温度水蒸气加热后油页岩内部孔隙、裂隙结构特征及其对渗透率的影响

从图 4-7(a)可知，含裂隙油页岩的渗透率随水蒸气温度的变化规律为先下降后升高，由下降到升高的转折点在 350 ℃。为了对比分析高温渗透率测试实验前后油页岩内部的孔隙、裂隙结构特征，探究渗透率随水蒸气温度的演化机理，本章在渗透率测试前和测试后都对油页岩试件进行 CT 扫描，其中，渗透率测试前仅对试件 1、试件 2、试件 3 和试件 4 进行 CT 扫描。扫描的像素分辨率为 38 μm，即图像中单个像素代表的实际尺寸为 38 μm。为便于分析，在扫描完成后，通过三维坐标变换将每个油页岩 CT 图像中油页岩的层理面旋转至与 *YOZ* 坐标平面平行，并使圆柱形油页岩试件的圆柱轴心线与 *Z* 轴平行。图 4-9

展示的是渗透率测试前油页岩试件的CT切片，本书展示了平行于*YOZ*坐标平面的CT切片图和三维裂隙分布图。从图4－9可以看出，每个油页岩试件在原始条件下都有一条沿层理方向贯穿整个油页岩试件的裂隙。该裂隙就是低温段油页岩内部的主要渗流通道。在还未进行渗透率测试前（还未经历高温和有机质热解等物理化学过程），油页岩内部除预制裂隙外整体比较完整，个别存在少量其他原生裂隙，这些微小的裂隙都未贯穿整个试件，尚不足以构成通过整个试件轴向的渗流通道。由此可见，在常温下油页岩试件内部仅含一条贯穿的单裂隙，属于单裂隙渗流。

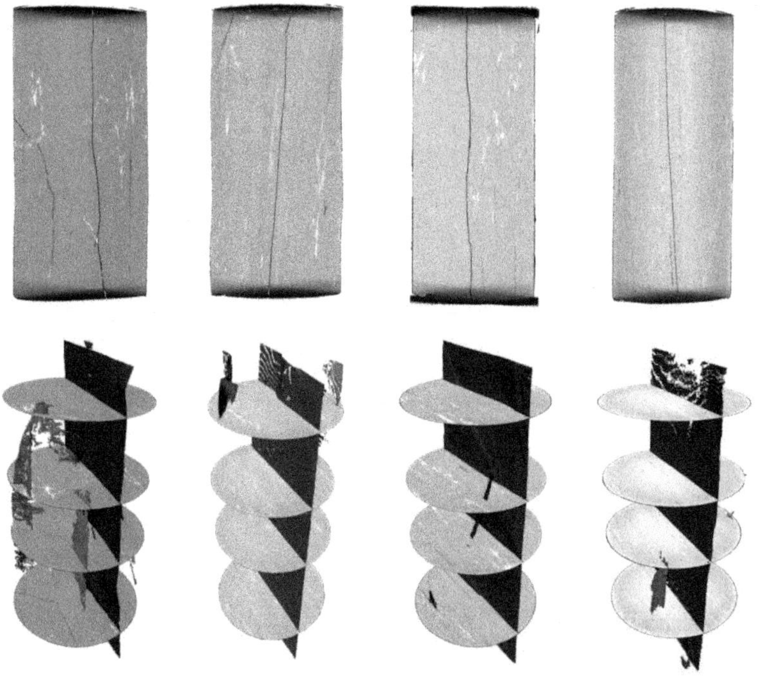

（a）试件1　（b）试件2　（c）试件3　（d）试件4

图4－9　渗透率测试实验前油页岩CT切片

图4－10展示的是在三轴应力条件下，不同温度水蒸气加热后的油页岩CT切片，为方便对比，图4－10(a)展示了一张加热前的CT切片。从图4－10可知，当200 ℃和300 ℃的水蒸气加热后，油页岩内部除预制主裂隙外，又产生了一些细小的裂隙，但是这些裂隙的长度较小，未贯穿整个油页岩试件。当油页岩被加热至350 ℃后，油页岩内部开始出现较大的裂隙，与此同时，在200 ℃

和 300 ℃阶段出现的细小裂隙几乎全部闭合。因此可以确定在 350 ℃前油页岩内部仅含有一条贯通裂隙。当温度升至 400 ℃和 450 ℃后，油页岩内部出现大量的贯穿裂隙，这些裂隙成为新的水蒸气流动通道，使得油页岩的渗透率快速增大。当温度升高到 500 ℃和 550 ℃后，油页岩内部除了能够观察到大量裂隙外还可以看到一些孔隙，这是因为在这一温度段，油页岩内部的有机质干酪根发生热解，热解产生的油页岩油和可燃气体随水蒸气排走后就形成了孔隙。

由上述结果可知，被测油页岩试件在常温到 350 ℃都仅含有一条贯穿裂隙，为单裂隙渗流，当温度高于 350 ℃后就演变成了多裂隙渗流。因此，从常温到 350 ℃，油页岩渗透率降低是由于裂隙闭合造成的。当温度高于 350 ℃后，油页岩内出现了新的贯通裂隙，油页岩由单裂隙渗流向多裂隙渗流转变，渗透率也开始显著增大。

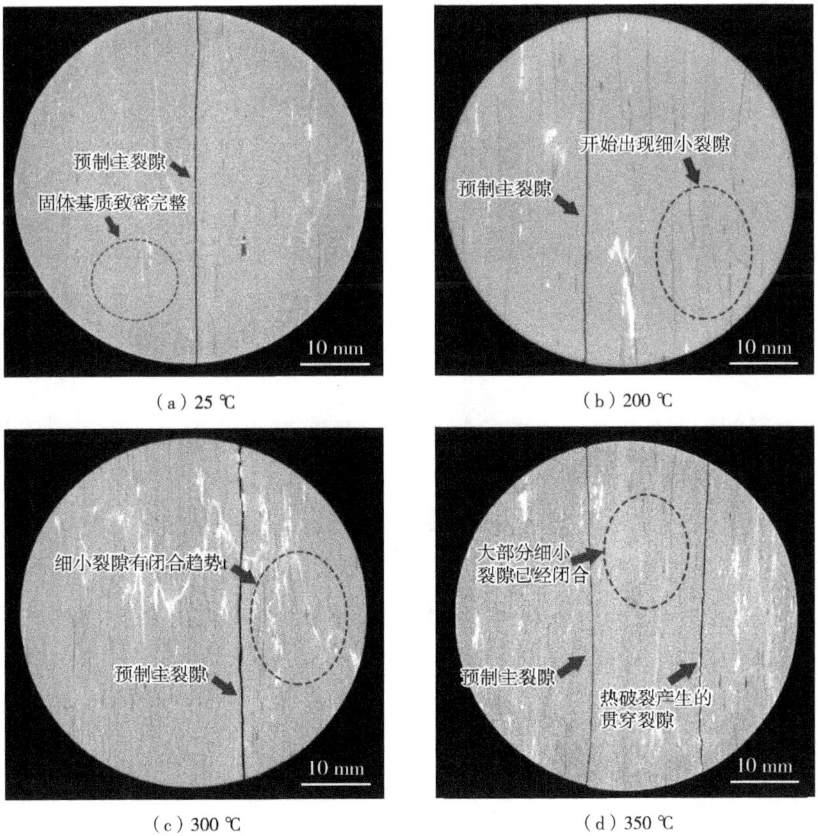

（a）25 ℃　（b）200 ℃

（c）300 ℃　（d）350 ℃

图 4-10　不同温度的水蒸气加热后油页岩内部的裂隙分布情况

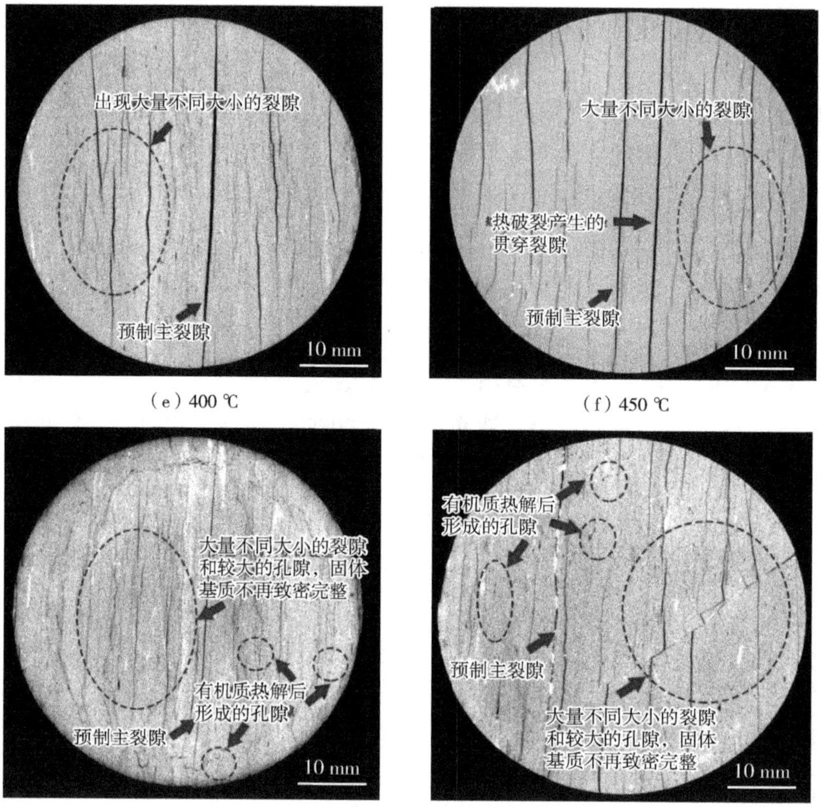

(e) 400 ℃　(f) 450 ℃

(g) 500 ℃　(h) 550 ℃

图 4-10　(续)

需要说明的是，图 4-10 中预制裂隙的开度都比较大，比如 350 ℃高温水蒸气加热后的 CT 切片中预制主裂隙的开度就达到了 150 μm 以上[图 4-10(d)]，但是在这一温度点渗透率却是最低的。这是由于 CT 扫描是将油页岩试件从高温三轴渗透测试系统中取出后在常温常压下进行的。预制主裂隙在 350 ℃的高温作用下还未发生不可恢复的变形，从高温三轴渗透测试系统中取出后裂隙面两侧分离。因此，图 4-10 中预制裂隙的开度不代表实时高温高压下的开度。从图 4-10 可以看出，当温度高于 500 ℃后，预制主裂隙两侧的油页岩发生胶结，说明高温状态下油页岩固体基质软化变形严重。图 4-11 所示为三轴压力条件下不同温度的水蒸气加热后的油页岩内部裂隙分布情况。从图 4-11 可以发现，当温度低于 350 ℃时，油页岩内部仅有一条贯穿裂隙。同时，在常温到 350 ℃之间油页岩内部会有部分微裂隙产生，到 350 ℃时这些微裂隙发生闭合。当温度升高到 400 ℃时，大量尺寸较大的裂隙随之生成，同时出现了新的贯穿裂隙。当温度高于 500 ℃后，油页岩内部的孔隙和裂隙在温度和压力的作用下被压缩并胶结。从前面的含单裂隙油页岩渗透率测试可知，550 ℃的渗透率略低于常温下的渗透率。由此可见高温下的裂隙开度远远小于

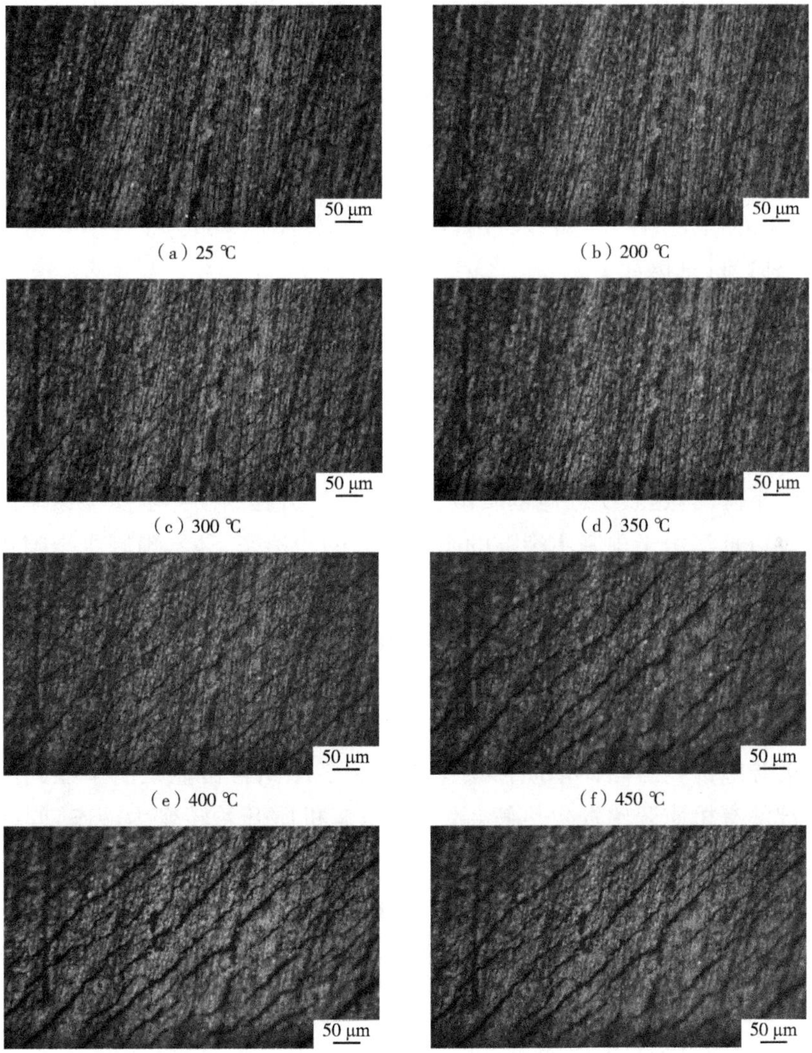

(a) 25 ℃　(b) 200 ℃　(c) 300 ℃　(d) 350 ℃　(e) 400 ℃　(f) 450 ℃　(g) 500 ℃　(h) 550 ℃

图 4-11　不同温度时油页岩裂隙实时分布特征

常温下的，即使高温下油页岩含有多条贯穿裂隙，其累加的传质通道质量也低于常温下的单裂隙通道质量。

4.2.4 油页岩裂隙渗透率随加热温度的演化机理讨论

本章的CT实验所用圆柱形油页岩试件的直径为50 mm、高度为100 mm，尺寸较大，因此所得到的油页岩数字岩芯的像素分辨率不高，仅有38 μm。这意味着通过本章的CT实验能够观察到的油页岩微观孔隙的直径和裂隙的开度都必须大于38 μm，小于这个尺度的微观结构在此次实验中均不能被观察到。为了从更小的尺度分析含单裂隙油页岩的渗透率随温度的演变规律，本章利用热台显微镜对油页岩进行了实时加热条件下的显微观测，观测成像分辨率为0.68 μm。从图4-11可以看出，油页岩固体基质内部的裂隙演化可以大致分为三个阶段，具体如下。

阶段一：温度为25～300 ℃。在该温度段，油页岩固体基质内部没有明显的贯穿裂隙出现，但是当温度到300 ℃左右时有微小的裂隙发育，裂隙开度小于5 μm，裂隙长度小于270 μm。因此，油页岩固体基质的渗透率在这一温度段内有所增加。由前面的渗透率测试可知，在这一温度段，油页岩试件的渗透率是在不断下降的，这表明固体基质微裂隙的产生引起的固体基质渗透率的小幅增大不足以抵消由于预制主裂隙的闭合造成的渗透率下降，预制主裂隙仍然是主要的渗流通道。

阶段二：温度为300～350 ℃。对比图4-11(c)和图4-11(d)可以发现，在该温度段内，油页岩内部的裂隙有一个明显的闭合趋势。部分长度小于100 μm的微裂隙完全闭合，开度较大的裂隙的开度和长度也有所减小。这种闭合将会导致油页岩固体基质渗透率下降。裂隙闭合可能是由于在此阶段油页岩内部的有机质开始发生热解，部分固态有机质开始转变为液态，同时有部分的气体产物溢出。有机质的物理化学变化引起局部膨胀，迫使裂隙闭合。需要说明的是，由于观察手段和实验条件的限制，以及不同地区油页岩的矿物成分差异，油页岩内部裂隙闭合的精确温度段尚不明确。结合文献中的结论可知[38,43,174]，油页岩裂隙在300 ℃到400 ℃之间会有一个明显的闭合过程，随着温度进一步升高，闭合的裂隙又会迅速张开。

阶段三：温度达到或高于400 ℃后。在该阶段，裂隙开度迅速增大，裂隙沿层理方向迅速扩展延伸，裂隙长度增加。当温度高于500 ℃后，部分裂隙的开度达到了12 μm以上，较长的裂隙长度已经超过550 μm，限于观测窗口的尺寸，部分裂隙的具体长度已经无法统计。而且，裂隙密度也很大，沿层理方向分布的裂隙之间的平均间距约为 60 μm。这正是油页岩在温度高于 400 ℃以后内部裂隙的充分发育导致油页岩沿层理方向渗透率的快速增大。

上述油页岩裂隙随温度的演化规律，尤其是温度介于 300～400 ℃之间裂隙出现闭合趋势的现象并不是首次被发现。帝国理工的 Saif 等[38]基于实时高温 CT 扫描技术研究了美国绿河油页岩的孔隙、裂隙结构随温度的实时演化规律。研究发现在 354 ℃时出现第一条热破裂裂隙，并在温度高于 390 ℃时孔隙、裂隙快速发育并相互连通形成贯通的孔隙、裂隙网络。但是，354～390 ℃之间裂隙还经历了一个闭合的过程。Saif 等应用体积对比法分析了油页岩内部的局部应变与裂隙发育的关系，如图 4-12 所示。通过分析发现，当温度介于 354 ℃和 370 ℃之间时，局部会产生压应力，导致裂隙发生闭合，裂隙的闭合会导致油页岩渗透率的下降。在原位状态下，油页岩处于三轴应力状态下，这种闭合的程度和持续的温度区间都可能更大。对于原位注热开采工艺而言，这是一个需要着重考虑的影响因素。

Wang 等[43]也通过 CT 实验观察到了类似的油页岩裂隙闭合现象。该学者利用马弗炉将取自辽宁抚顺的油页岩加热至设定温度后进行 CT 扫描，待扫描完成后又将该试件继续加热至下一个设定温度点，再取出来进行 CT 扫描，油页岩试件全程都放置在一个石英管中，防止空气氧化影响实验结果。通过这种方式得到了不同温度加热后同一个试件的内部裂隙分布特征。从图中可以发现，与 Saif 等[38]的实验结果不同，辽宁抚顺的油页岩在 100 ℃时就观察到了裂隙的发育，但是数量较少。此后直到 300 ℃，裂隙数量和裂隙开度都没有明显变化。但是，当温度升高至 350 ℃时，已有的裂隙发生了明显的闭合现象，较小的裂隙完全闭合，较大的裂隙的开度明显变小。当温度达到 400 ℃时，闭合的裂隙又重新张开，并且裂隙开度也比 300 ℃时的要大。遗憾的是本次实验的温度间隔较大，尚不清楚辽宁抚顺油页岩的裂隙发生闭合的具体温度点，但可以确定的是介于 300 ℃到 400 ℃之间，与 Saif 等的实验结果一致[38]。上述结果表明，油页岩裂隙在 300 ℃到 400 ℃之间会发生一个闭合过程，并且这种现象具有普遍性。

油页岩裂隙在 300 ℃到 400 ℃之间发生短暂闭合的主要原因可能有以下两点：

首先是油页岩内部的有机质在温度作用下发生物理和化学变化引起油页岩内部的局部应力变化。图 4-13 展示的是不同地区油页岩的热重曲线。从

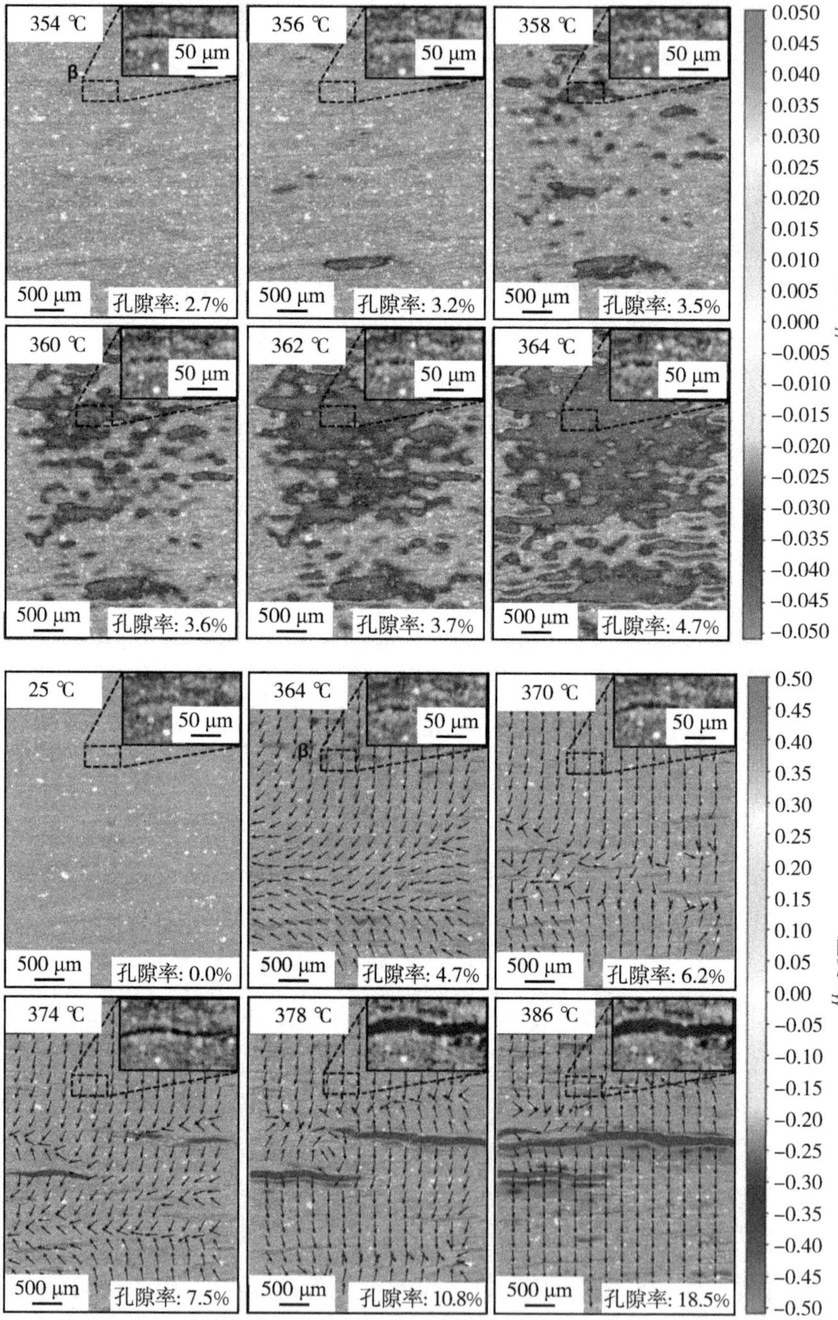

图 4-12　354～386 ℃油页岩热解过程中微裂隙发育[38]

图中可以发现，不同地区油页岩的主要热损失温度区间都集中在 400 ℃到 550 ℃之间。这表明在温度高于 400 ℃后油页岩内部的有机质已经发生热解，生成了气体产物和流动性较强的液态产物。事实上，常温状态下油页岩内部的有机质是固态的，这表明油页岩在发生快速失重之前，有机质已经开始发生物理和化学变化，发生这一变化的温度区间应该早于 400 ℃。油页岩内部的固态有机质在温度作用下会首先生成液态沥青质和少量气体产物，同时伴随体积的变化，具体表现为体积膨胀，这会在油页岩内部产生局部的压应力。这种局部压应力会使有机质附近的裂隙受压闭合。此外，沥青质在该温度段内也会对油页岩内部的孔隙、裂隙造成堵塞，进而导致渗透率的降低。这一过程发生的温度区间正好介于 300 ℃到 400 ℃之间。当温度进一步升高时，液态沥青质进一步热解生成液态或气态烃类产物，以及氢气、一氧化碳和二氧化碳等气体产物。此时，大量液态和气态产物会产生更大的局部应力，促进了裂隙的发育，热解产物则会沿着这些裂隙排出。

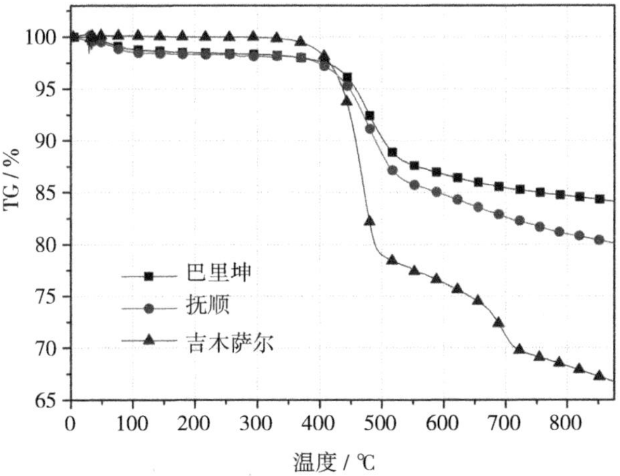

图 4－13　不同地区油页岩的热重曲线

其次是油页岩固体基质的力学性质在温度作用下发生了变化导致裂隙开度也随温度的变化而变化。在三轴应力条件下，油页岩垂直层理方向的力学性质对平行于层理分布的裂隙开度有直接影响。Wang 等[174]研究了实时高温作用下油页岩垂直层理方向的抗压强度等力学特征随温度的变化规律，结果表明，油页岩在常温下强度最高，破坏形式趋向于脆性破坏。由此可知，常温下油页岩裂隙渗透率较大是由于油页岩在常温下强度较高，实验过程中所施加的应力还不足以使裂隙完全闭合，裂隙中存在连通的渗流通道。随着温度的升高，油页岩垂直层理方向的抗压强度逐渐降低，破坏形式也逐渐向延性破坏转变。当温度达到 400 ℃时抗压强度达到最低值，随后油页岩的抗压强度又有所增加。这表明从常温到 350 ℃油页岩单裂隙渗透率的降低是油页岩在温度和应力作用下发生软化和变形，进而挤压裂隙面并使裂隙闭合导致的。

油页岩垂直层理方向抗压强度的阈值温度在 400 ℃左右[174]，但是油页岩渗透率由下降到升高的阈值点在 350 ℃，低于抗压强度的阈值温度。这是因为油页岩在 400 ℃就开始形成大量的贯穿裂隙，完成了从单裂隙渗流向多裂隙渗流的转变。含有 n 条沿层理方向分布的贯穿裂隙的油页岩渗透率可以用下式表示[175]：

$$k \propto \sum_{i=1}^{n} w_i^2 \tag{4-4}$$

式中，k 为含有裂隙的油页岩沿层理方向的渗透率；w 为裂隙开度。

由式(4－4)可知，在沿层理方向上，油页岩的渗透率与贯穿裂隙的数量和开度有关[43]。当温度升高到 400 ℃，油页岩内部出现大量沿层理分布的贯穿裂隙，使得式(4－4)中的 n 增加，即使裂隙的开度没有增大，油页岩的渗透率也会随着 n 的增加而增大，这是油页岩渗透率由下降到上升的阈值温度低于 400 ℃的原因。当温度高于 400 ℃时，油页岩垂直层理方向的弹性模量和抗压强度又有所升高，这提高了油页岩裂隙围岩的支撑能力，这也是油页岩裂隙渗透率在高温段能够重新增大到 10^{-15} m^2 量级的原因之一。

4.3 本章小结

本章利用高温三轴渗透测试系统研究了水蒸气加热条件下含裂隙油页岩的渗透率随水蒸气温度的演化规律，利用 CT、热台显微镜等设备研究了不同温度下油页岩内部孔隙、裂隙的演化规律，揭示了水蒸气加热下含裂隙油页岩渗透率演变机理。主要结论如下：

① 水蒸气过单裂隙油页岩加热条件下，油页岩渗透率从常温到 350 ℃呈下降趋势，从 10^{-15} m^2 量级下降到 10^{-17} m^2 量级。当温度高于 350 ℃后，油页岩渗透率又快速上升，并在 500 ℃以上恢复到 10^{-15} m^2 量级。含裂隙油页岩的渗透率阈值温度点在 350 ℃附近。

② 温度为 25～300 ℃时，油页岩内部在压力和温度的作用下有部分微裂隙

产生，微裂隙的长度和开度都较小，因此在该温度段，油页岩试件仍然仅含有一条贯穿的裂隙，属于单裂隙渗流。这一温度段油页岩渗透率下降是由于裂隙闭合。温度从 300 ℃到 350 ℃变化时，油页岩内部产生的微裂隙发生闭合，预制贯穿裂隙开度也在 350 ℃附近达到最小，导致油页岩渗透率在 350 ℃达到最小值。当温度达到 400 ℃时，油页岩内部闭合的裂隙又重新张开，并出现了新的贯穿裂隙，油页岩从单裂隙渗流转变为多裂隙渗流，渗透率快速增大。当温度达到 500 ℃以上时，油页岩内部孔隙和裂隙充分发育，这是含裂隙油页岩渗透率重新增大到 10^{-15} m^2 量级的原因。

③ 油页岩裂隙渗透率在 350 ℃附近达到最小值的原因主要有两点，首先是油页岩内部的有机质在 300～400 ℃之间发生物理和化学变化引起油页岩内部的局部应力变化。具体表现为有机质在 300～400 ℃之间发生相态变化，伴随着体积膨胀和局部应力产生，局部应力挤压微裂隙导致微裂隙闭合。同时，有机质受热生成的沥青质在 300～400 ℃之间也会堵塞孔隙、裂隙通道导致渗透率降低。其次是油页岩固体基质的力学性质在温度作用下发生了变化导致裂隙开度也随着温度的变化而变化。油页岩垂直层理方向的弹性模量和抗压强度从常温到 400 ℃呈下降趋势。弹性模量的下降导致在相同压力条件下裂隙开度的变小，进而导致裂隙渗透率降低。

第 5 章　过热水蒸气加热条件下油页岩温度场时空演变规律研究

5.1　油页岩试件制备、实验设备及实验方法

5.1.1　油页岩试件制备

本次实验所用的油页岩试件取自新疆巴里坤油页岩露天矿。根据实验条件，高温水蒸气高效加热油页岩实验定为在大尺寸的油页岩包裹体上进行，包裹体的尺寸为 300 mm×300 mm×300 mm。因此，将油页岩试件现场蜡封后运回实验室，然后对油页岩试件进行粗切割，如图 5－1(a)所示。切割后的油页岩试件的尺寸为长 270 mm、宽 260 mm、高 220 mm，层理面垂直于高度方向。油页岩试件中距离底部 100 mm 的位置分布有一条天然裂隙，如图 5－1(b)所示。由于裂隙面有起伏，因此距离底部 100 mm 只是一个近似值。这种裂隙与人工裂隙相比，更接近原位地层中通过压裂或受热发生热破裂产生的裂隙，因此使用这种油页岩试件进行实验更能获得接近原位开采状态下的相关传热传质特性。本次实验将该裂隙面作为高温水蒸气注入的初始通道。

（a）切割油页岩试件　　（b）含裂隙的油页岩试件

图 5－1　含单裂隙油页岩试件

为了能够监测高温水蒸气过裂隙面加热油页岩过程中裂隙面两侧围岩的温度场变化情况，需要在油页岩内部预埋温度传感器。因此，在完成油页岩样品切割工作后，在油页岩样品上按图 5－2 设置测温钻孔，将热电偶放置在钻孔内部的设定深度，并用耐高温水泥对钻孔进行封孔处理，防止水蒸气沿着钻孔窜流。钻孔共计 15 个，编号为 L1～L5、M1～M5 以及 R1～R5，如图 5－2(b)所示。选择其中一个钻孔作为注热孔(M1)，注热孔直接钻进到裂隙面，确保水蒸气能够直接到达裂隙面对油页岩进行加热。其余 14 个钻孔为温度监测孔，监测孔的深度为 90 mm，从钻孔底部开始，每个钻孔从下往上依次布置 4 个热电偶，用于检测距离裂隙面不同位置处的温度变化情况，热电偶的垂直间距为 30 mm。每个钻孔中的 4 个热电偶从下而上进行编号，例如，R1 位置的 4 个热电偶从下而上分别为 R1－1、R1－2、R1－3 和 R1－4，其他位置的热电偶编号方式以此类推，如图 5－3 所示。另外，由于水蒸气在注热孔 M1 中的流速大且距离短，因此认为注热孔 M1 位置是上下等温的，只放置了一根热电偶测试该位置的温度，编号为 M1。

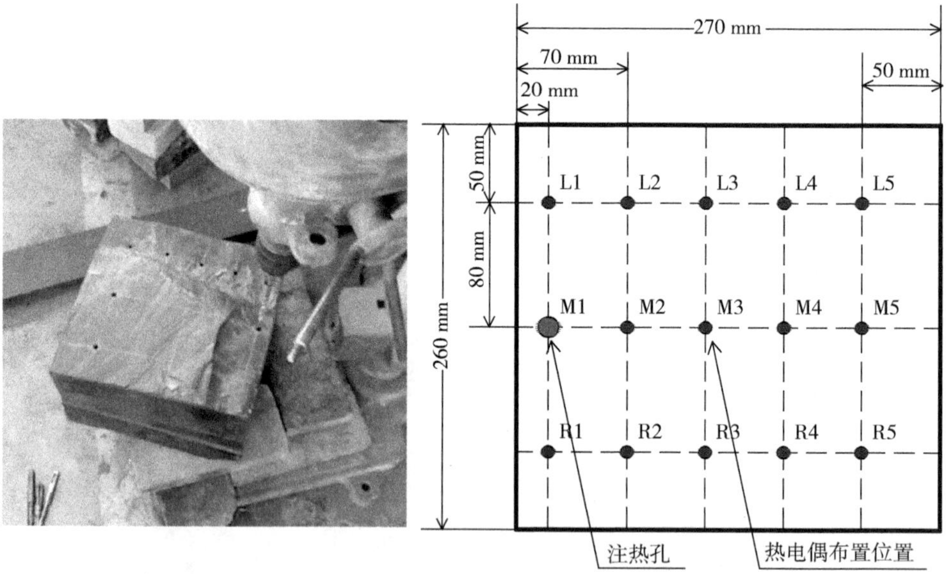

（a）利用台钻进行钻孔　　　　（b）钻孔位置

图 5－2　在油页岩试件上钻孔

图 5－3 是油页岩试件的钻孔位置和热红外观察面的布置示意图。过热水蒸气注入口远离红外热成像观察面。当水蒸气从注热孔注入油页岩后，会沿着

裂隙面向红外热成像观察面的方向流动，进而对油页岩进行加热。这样布置注热孔是为了模拟原位注水蒸气开采油页岩的实际运行模式，即高温水蒸气首先进入压裂裂隙中对油页岩进行加热。裂隙面两侧的围岩被加热后发生热破裂，进而产生新的裂隙通道，以此实现对油页岩层的高效加热。在距离注热孔和初始裂隙面等不同位置布置热电偶可以实时监测油页岩内部不同位置的温度变化情况，结合红外热成像仪的监测数据可以实现对注水蒸气加热油页岩的温度场的三维实时测量。本次实验期望直接观察到水蒸气加热条件下对流-传导复合高效加热的过程。

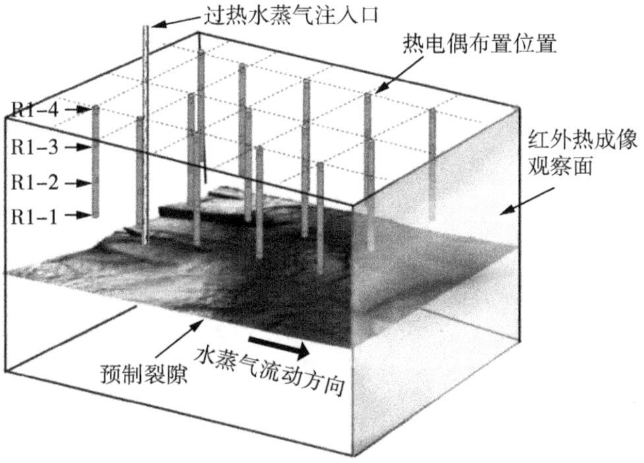

图 5-3　油页岩试件的钻孔位置和热红外观察面的布置示意图

如前所述，虽然油页岩内部沿沉积层理面形成的裂隙面较为平整，但是表面仍然存在一定的起伏。为了对裂隙面的粗糙度进行精确表征，在完成钻孔工作后，对裂隙面进行了表面形貌扫描工作，得到了大尺寸油页岩试件裂隙面的形貌数据。随后对数据进行三维变换，使裂隙面尽量与 *XOY* 平面平行，如图 5-4 所示。由图 5-4 可知，在长为 270 mm、宽为 260 mm 的油页岩裂隙面上，沿 *Z* 方向的最大高差为 18 mm，裂隙面较为平整。

在完成裂隙形貌扫描和热电偶布置工作后，将大尺寸油页岩试件放在图 5-5 所示的刚性模具中进行浇筑。刚性模具采用 Q235 钢材加工而成，模具的板厚为 20 mm，上部压板厚度为 50 mm，模具内部空间为 300 mm×300 mm×300 mm。在浇筑油页岩包裹体时，将带有观察窗口的钢板取下，换上完整的钢板，并使油页岩观察面紧贴完整钢板。待浇筑的油页岩包裹体硬化后，将紧贴

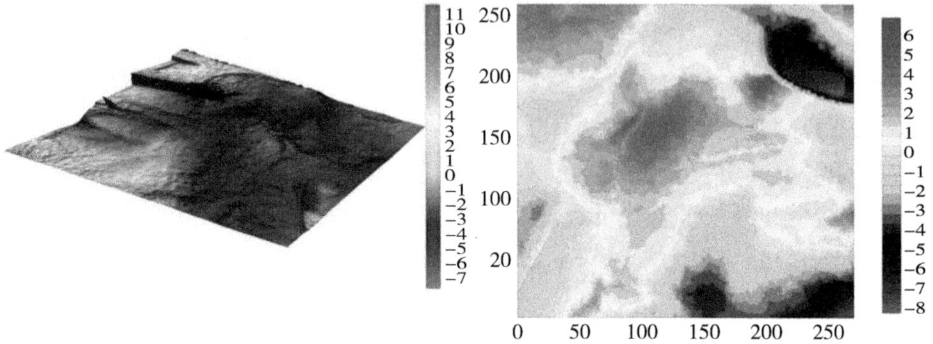

图 5-4　油页岩裂隙形貌特征(单位:mm)

油页岩观察面的钢板取下,换为带有观察窗口的钢板,这样确保油页岩观察面能够被红外热成像仪观察到。

图 5-5　用于开展可视化水蒸气高效加热实验的刚性大尺寸模具和样品

5.1.2　实验设备及实验方法

本章采用太原理工大学自主研制的水蒸气高效加热油页岩试验系统(图 5-6)进行水蒸气加热条件下的油页岩传热规律研究。水蒸气高效加热油页岩试验系统主要包括蒸汽发生器、加载系统、红外热成像仪和数据采集系统。其中,蒸汽发生器每小时可以持续提供 10 kg 温度高于 550 ℃的过热水蒸气,最大能够满足对直径达 2 m 的油页岩试件的加热热解工作。采用压力机对该试件施加压力模拟 300 m 埋深的地应力环境。红外热成像仪采用 VC HD head 880 固定式长波红外热像仪，该设备的温度探测范围为－40～＋1 200 ℃，成像的图像尺寸为 1 024 像素×768 像素，能够对观察面进行全域、实时的温度监测和成像。数据采集系统能够实时记录蒸汽发生器的温压数据、加载系统的压力和位移数据、红外热成像数据等。

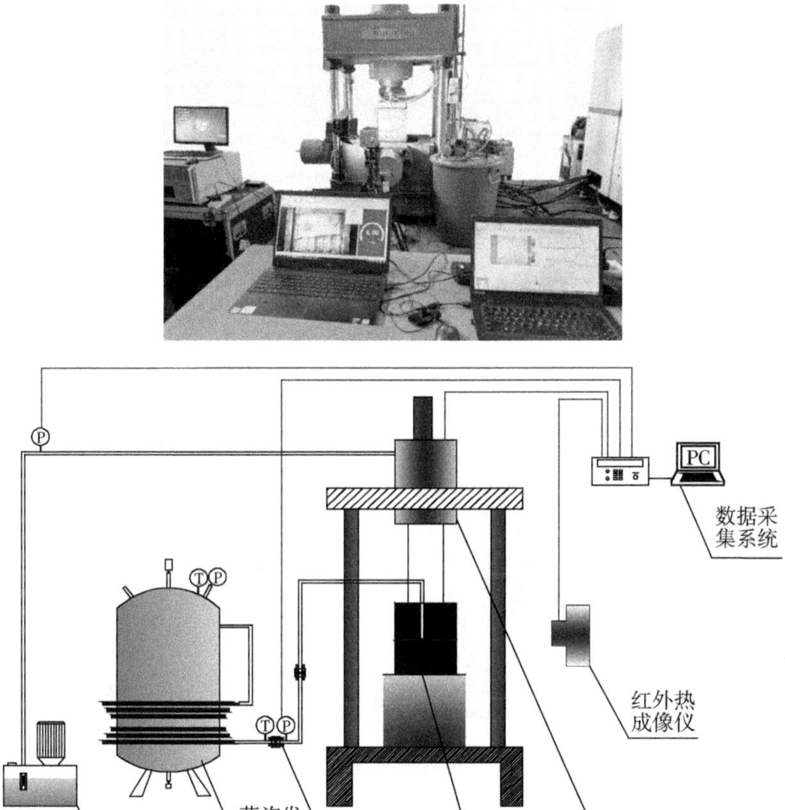

图 5－6　水蒸气高效加热油页岩试验系统

实验流程如下：首先将浇筑好的油页岩包裹体放置在压力机上，连接注热管并检查连接头的气密性。将热电偶与数据采集系统相连，在合适的位置布置并固定红外热成像仪。随后对油页岩包裹体进行加压至 6 MPa，开启蒸汽发生器，待出口水蒸气温度达到 550 ℃时开启所有数据采集装置并将高温水蒸气通过注热孔注入油页岩中进行加热。最后观察记录实验数据，待加热实验完成后保存相关数据并关闭蒸汽发生器等设备。

5.2 过热水蒸气作用下油页岩高效加热规律

5.2.1 基于红外热成像的油页岩水蒸气加热温度场分布和演变规律

由于红外热成像仪只能测试物体表面的温度，因此，在设计实验时专门预留了一个观察面。该观察面垂直于油页岩的层理面，通过对该表面的持续温度场监测，可以捕捉到高温水蒸气在油页岩表面距离裂隙不同位置油页岩矿层的加热情况。另外，由 5.2 的内容可知，高温水蒸气通过注热孔进入油页岩样品后，会通过油页岩中的裂隙通道流向观察面。因此，考虑到红外热成像仪的安全工作温度有限，将红外热成像仪的镜头置于距离岩石表面 1.5 m 的位置。红外热成像的效果如图 5－7 的左图所示。为方便分析，将油页岩样品的成像区域截取出来，如图 5－7 的右图所示。

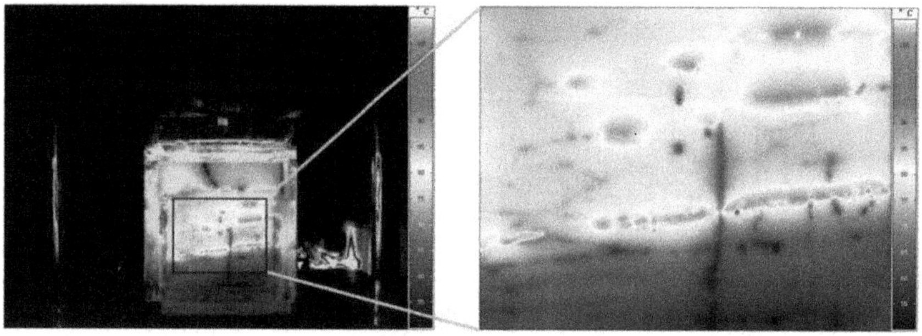

图 5－7　红外热成像研究区域选取示意图

本次实验从注热开始到停止加热共持续了 12 h，图 5－8 为实验中每隔 0.5 h 油页岩观察面的温度场分布云图。

从图 5－8 可知，高温水蒸气一开始注入油页岩试件中，首先通过预制裂隙从观察面流出，因此可以在高温水蒸气注入油页岩试件的一瞬间[图 5－8(a)]在预制裂隙的位置观察到一个近水平的条带状高温区域，其温度在 70 ℃到 85 ℃之间。随后，该条带状的高温区域逐渐沿水平方向（即层理延伸的方向）延长，宽度也在逐渐增加，如图 5－8(b)～图 5－8(e)所示。这是因为，随着高温水蒸气的持续注入，水蒸气逐渐流动至整个预制裂隙面，并从观察面位置流出

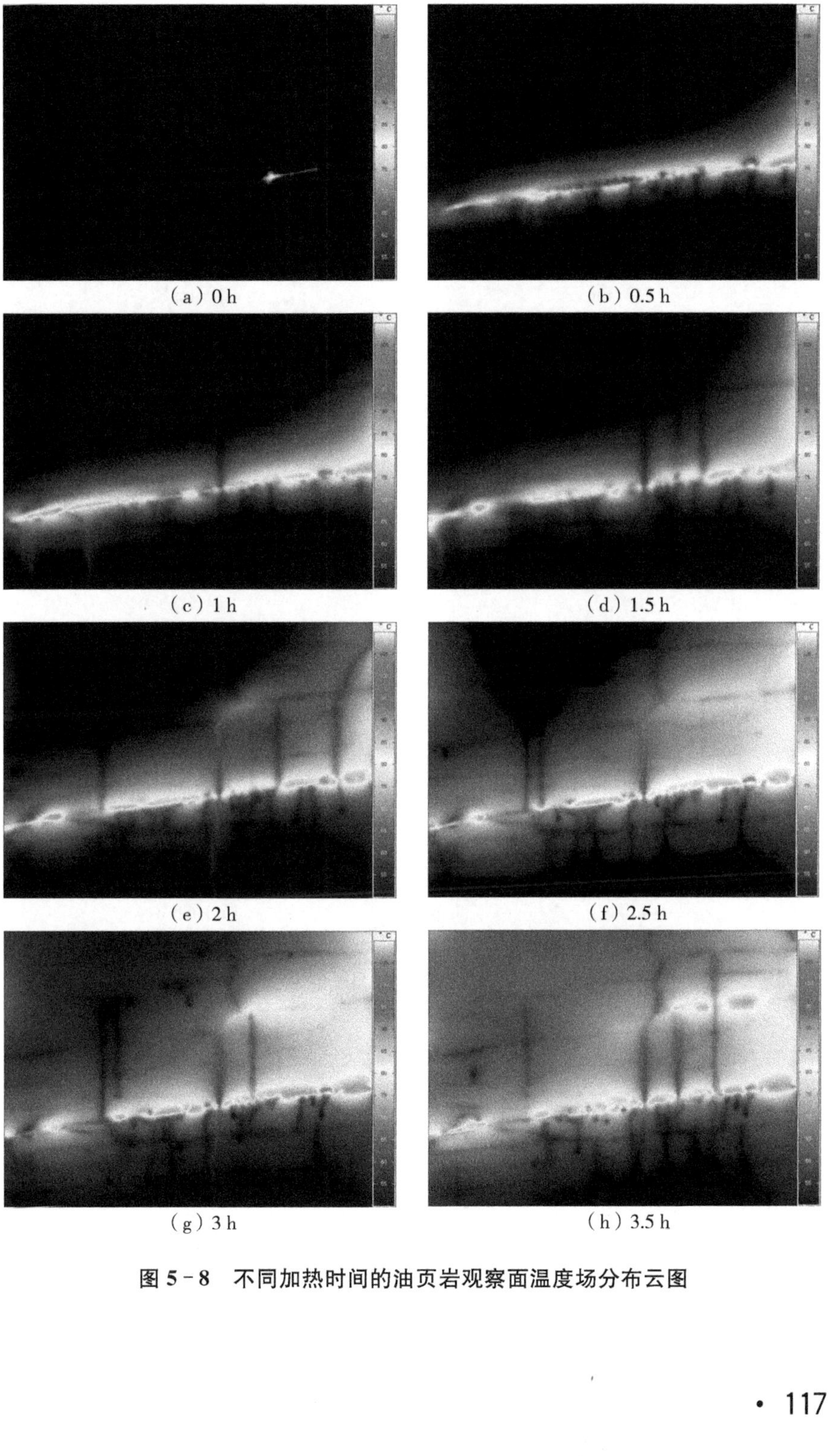

图 5-8　不同加热时间的油页岩观察面温度场分布云图

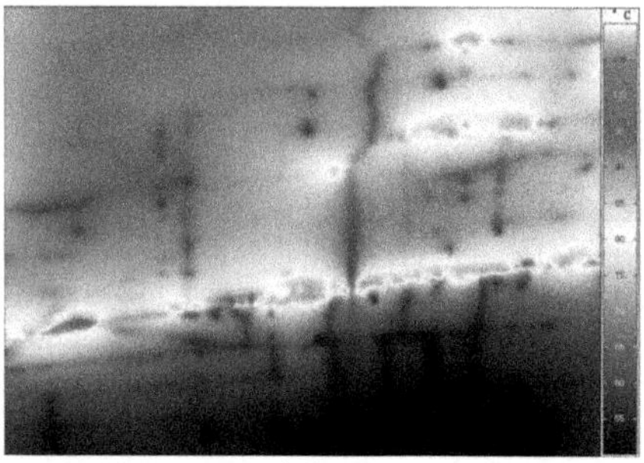

（i）4 h

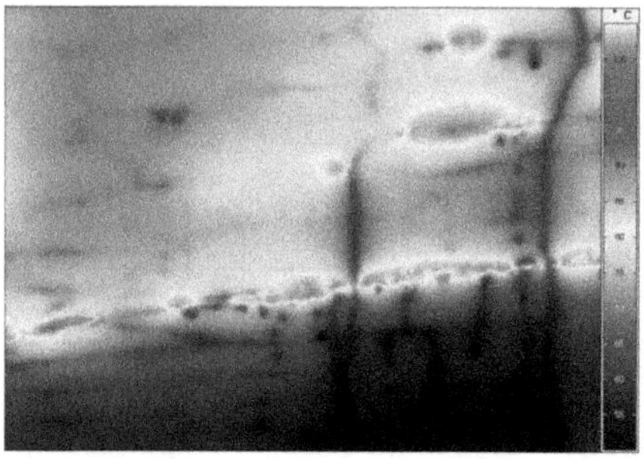

（j）4.5 h

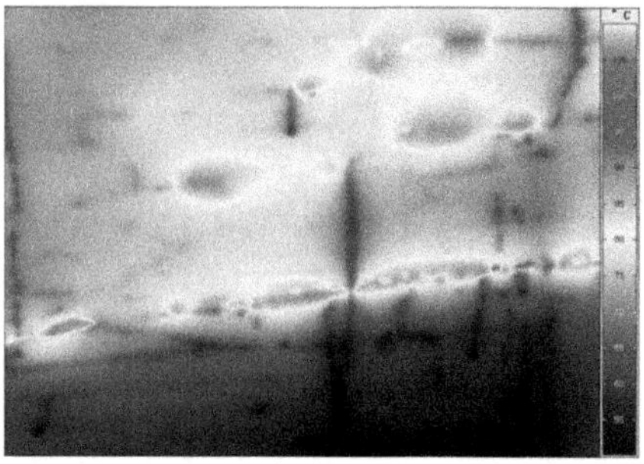

（k）5 h

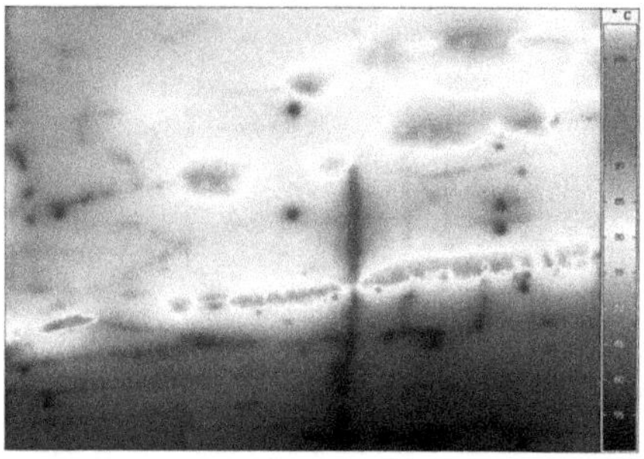

（l）5.5 h

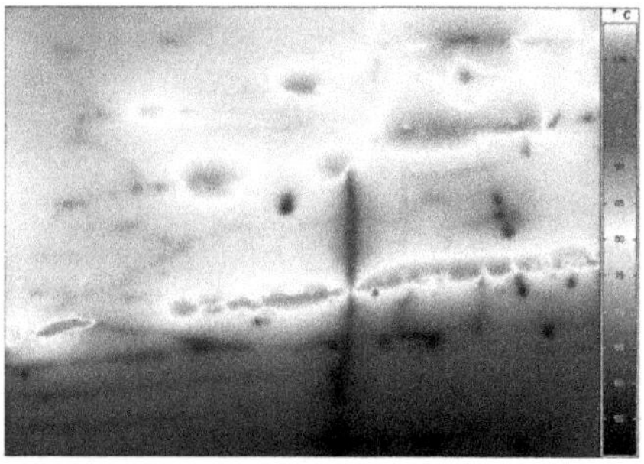

（m）6 h

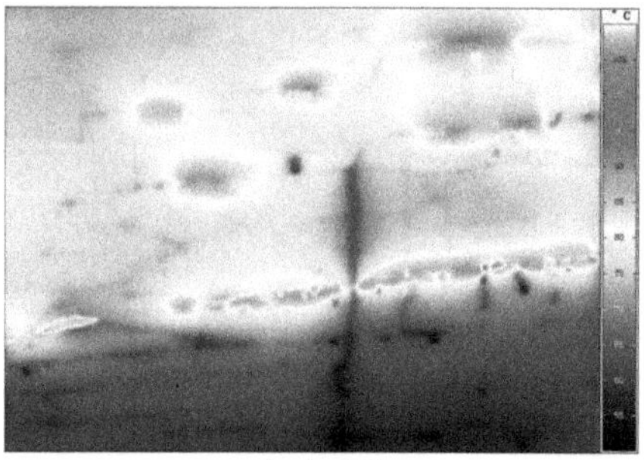

（n）6.5 h

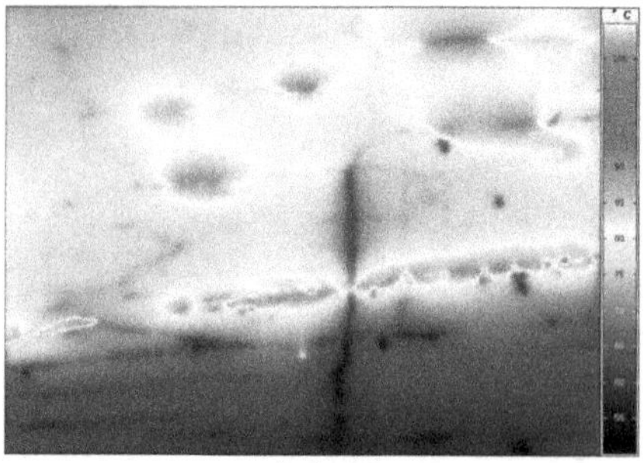

（o）7 h

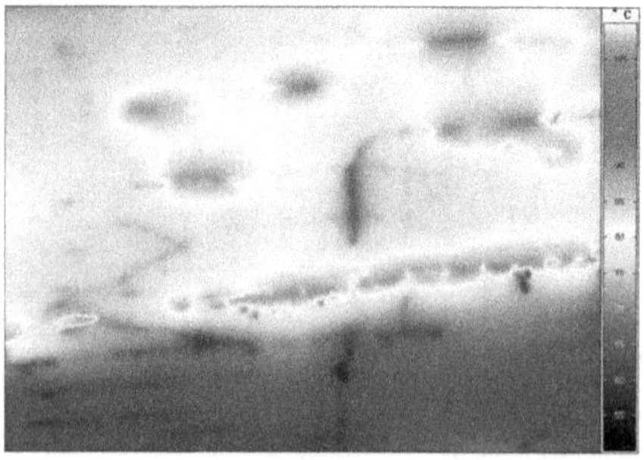

（p）7.5 h

图 5-8 （续）

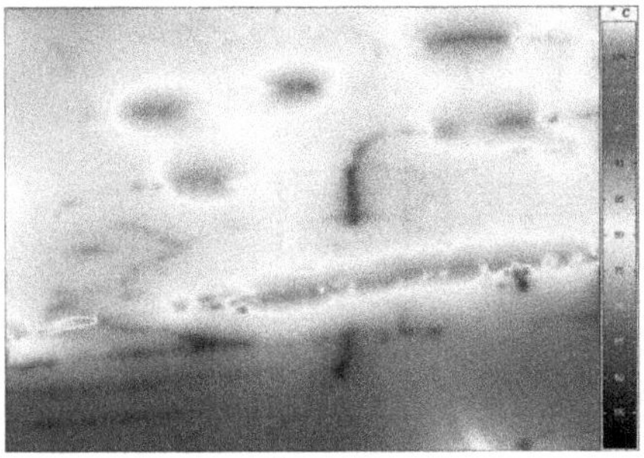
（q）8 h

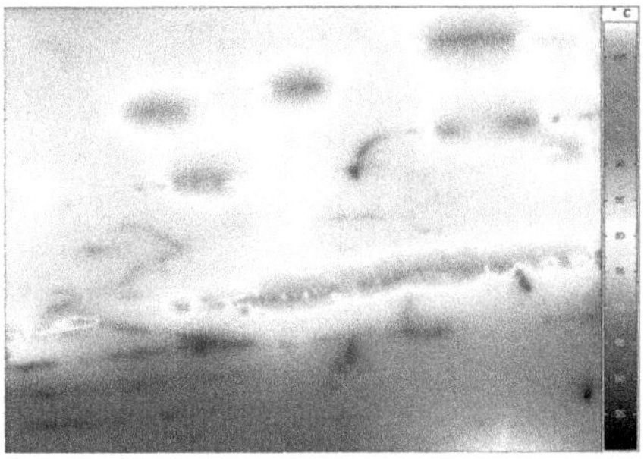
（r）8.5 h

（s）9 h

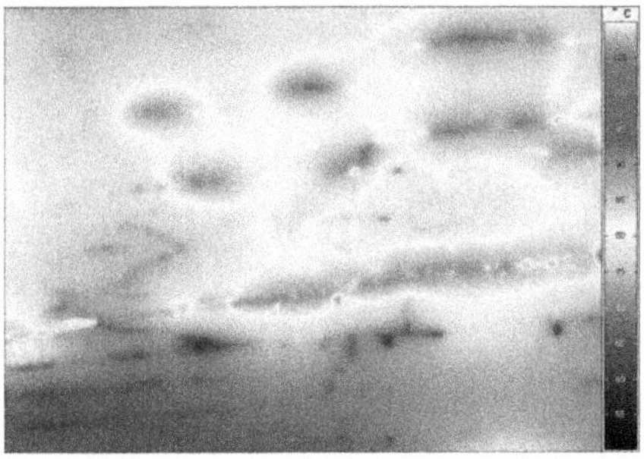
（t）9.5 h

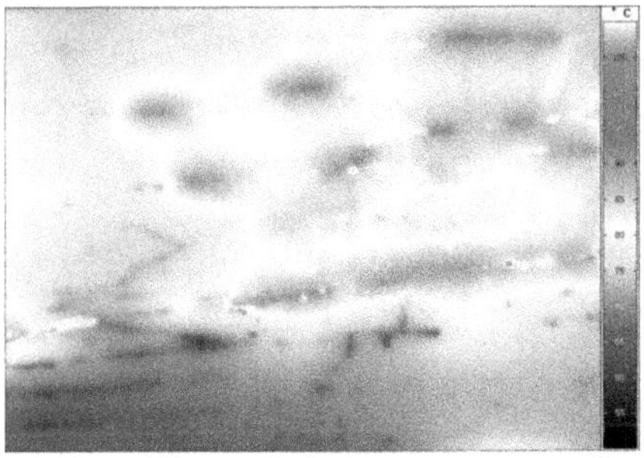
（u）10 h

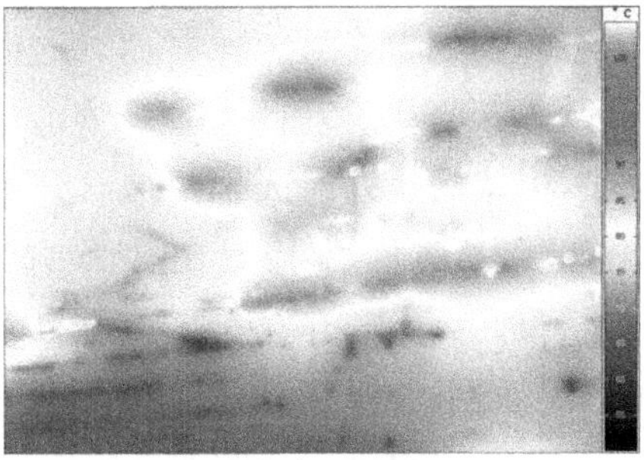
（v）10.5 h

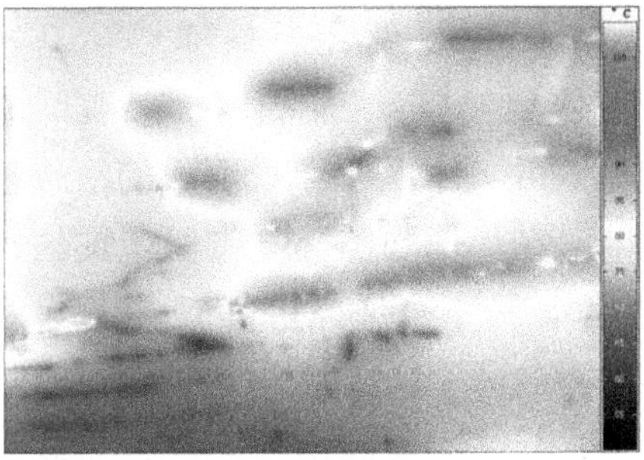
（w）11 h

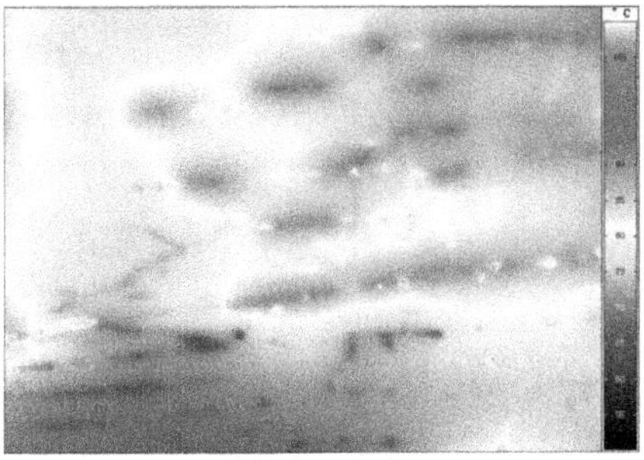
（x）11.5 h

图 5－8　（续）

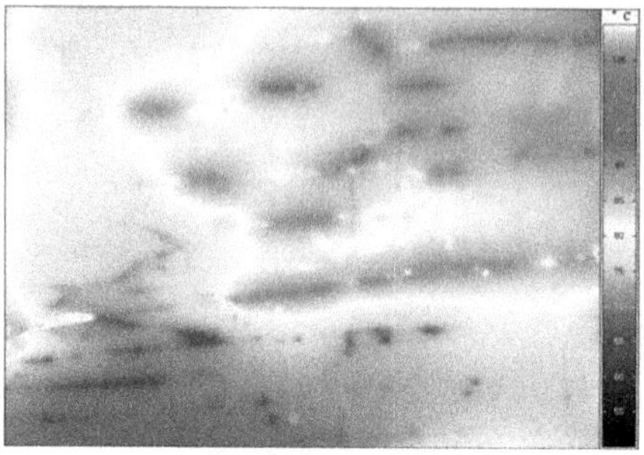

(y) 12 h

图 5-8 (续)

油页岩试件。高温水蒸气在流经裂隙面的时候,通过裂隙面对两侧的围岩进行加热,导致裂隙面两侧的温度逐渐升高。在这个过程中,油页岩裂隙面通过对流加热的方式被加热,裂隙面两侧的围岩则是通过传导加热的方式被加热,裂隙面两侧围岩此时被加热的热源是来自预制裂隙内的高温水蒸气。当被加热2.5 h以后,预制裂隙面上部出现了一个平行层理方向的新裂隙通道,高温水蒸气开始通过该通道到达观察面。这时观察面出现了一条新的高温带,如图5-8(f)~图5-8(h)所示。大量的研究表明,在温度的作用下,油页岩会发生热破裂,形成一系列沿沉积层理面分布的裂隙。上述现象表明,高温水蒸气一开始注入油页岩层后,会首先沿预制的主裂隙流动,与此同时,对主裂隙两侧的围岩进行加热。当裂隙两侧的围岩被加热到一定温度后就会发生热破裂,形成新的裂隙通道。具有一定压力的高温水蒸气会通过这些新产生的裂隙通道进入油页岩层,对更大范围的油页岩矿层进行加热,并且重复上述过程。因此,水蒸气加热条件下油页岩的加热方式为对流-传导复合高效加热模式。图5-8(i)~图5-8(y)直观地展示了这一高效加热模式,即随着加热时间的增加,预制裂隙上部由近到远依次出现新的裂隙并有水蒸气流过形成的沿层理方向分布的高温带。当加热时间高于7 h以后,在贯通裂隙高温带所包围的范围内温度普遍高于高温带外侧区域。注过热水蒸气原位热解开采油页岩的对流-传导复合高效加热模式可用图5-9进行总结。

值得注意的是,在本次实验的整个过程中,预制裂隙的下部区域温度都明显低于预制裂隙的上部区域。图5-10(a)展示的是加热7 h时,油页岩观察面上不同区域的温度分布情况,图5-10(b)展示的是加热7 h时沿着温度测线A-B的温度分布曲线。从图5-10(a)可以看出,油页岩温度观察面在加热7 h

后出现了三个明显的分区，从上而下分别是预制裂隙上部高温区域、预制裂隙高温带和预制裂隙下部低温区域。从图 5－8 可知，预制裂隙上部高温区域在开始加热的时候是不存在的。随着加热时间的增加，由于热破裂而生成新的裂隙通道，高温水蒸气在进入这些新的裂隙通道后导致该区域的温度快速上升，有些新生裂隙位置的温度甚至比预制裂隙位置的温度还高。在预制裂隙高温带的下部，距离预制裂隙越远的地方温度越低，这与预制裂隙上部的高温区域形成了鲜明的对比。如图 5－10(b)所示，在温度测线 A－B 上，预制裂隙高温

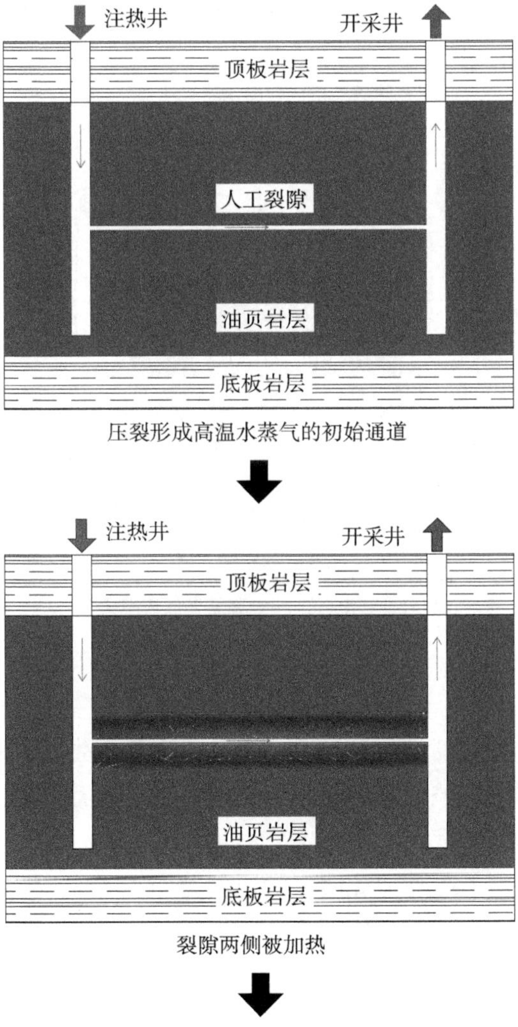

图 5－9 注过热水蒸气原位热解开采油页岩的对流-传导复合高效加热模式示意图

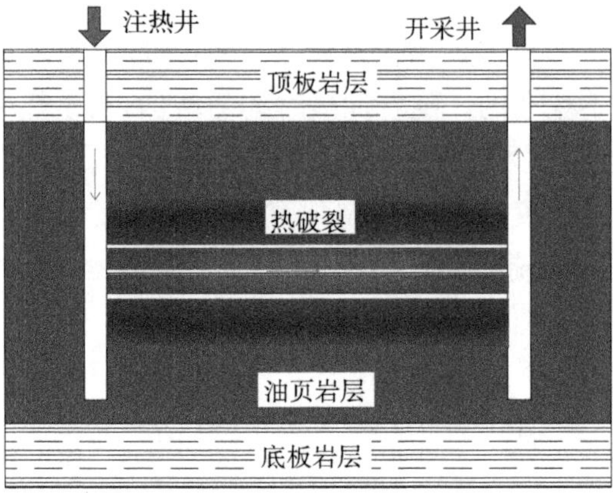

热破裂形成新的水蒸气通道

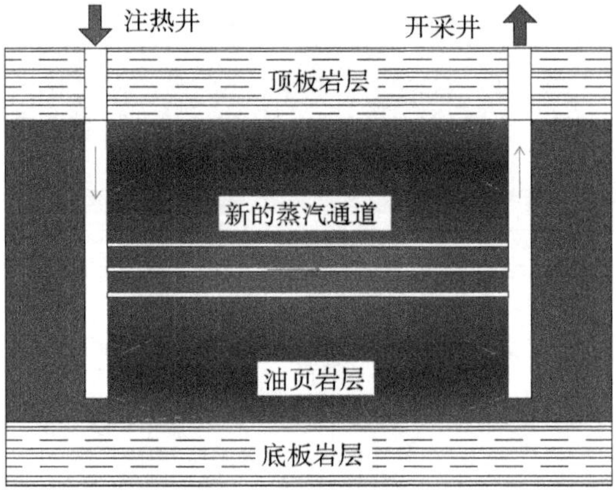

形成对流-传导-对流复合加热模式

图 5-9 （续）

带的上部至少有两个温度的峰值出现，对应了两条新生的热破裂裂隙，且两处的峰值温度都比预制裂隙位置的温度峰值高。在各温度峰值之间，油页岩温度也比预制裂隙下部的温度高。

在油页岩观察面上出现如此明显的温度分布差异是因为在布置注热孔时，注热孔只从预制裂隙的上部延伸到了预制裂隙的位置（图 5-3）。因此，即使预制裂隙两侧都出现了热破裂，但是只有预制裂隙上侧的热破裂裂隙内有高温水蒸气的流入。上述现象表明，对于油页岩这种横观各向同性岩石而言，绝大部分裂隙都是沿沉积层理面分布的，流体在这种裂隙中的流动具有极强的方向性，很难沿垂直层理的方向发生穿层流动。在油页岩原位注热开采的过程中，注热井和开采井的布置方式对高温水蒸气的注入、岩层加热范围和热解油气产物运移都有重要的影响。从本次实验的结果可知，注热井和开采井都需要延伸至整个目标矿层，而且尽量垂直于沉积层理面布置。这种布置方式能够将整个目标矿层充分加热，同时，由于水蒸气在油页岩矿层中的穿层流动能力较弱，不会携带大量的热量流向非目标矿层从而造成无效加热和热量损失。

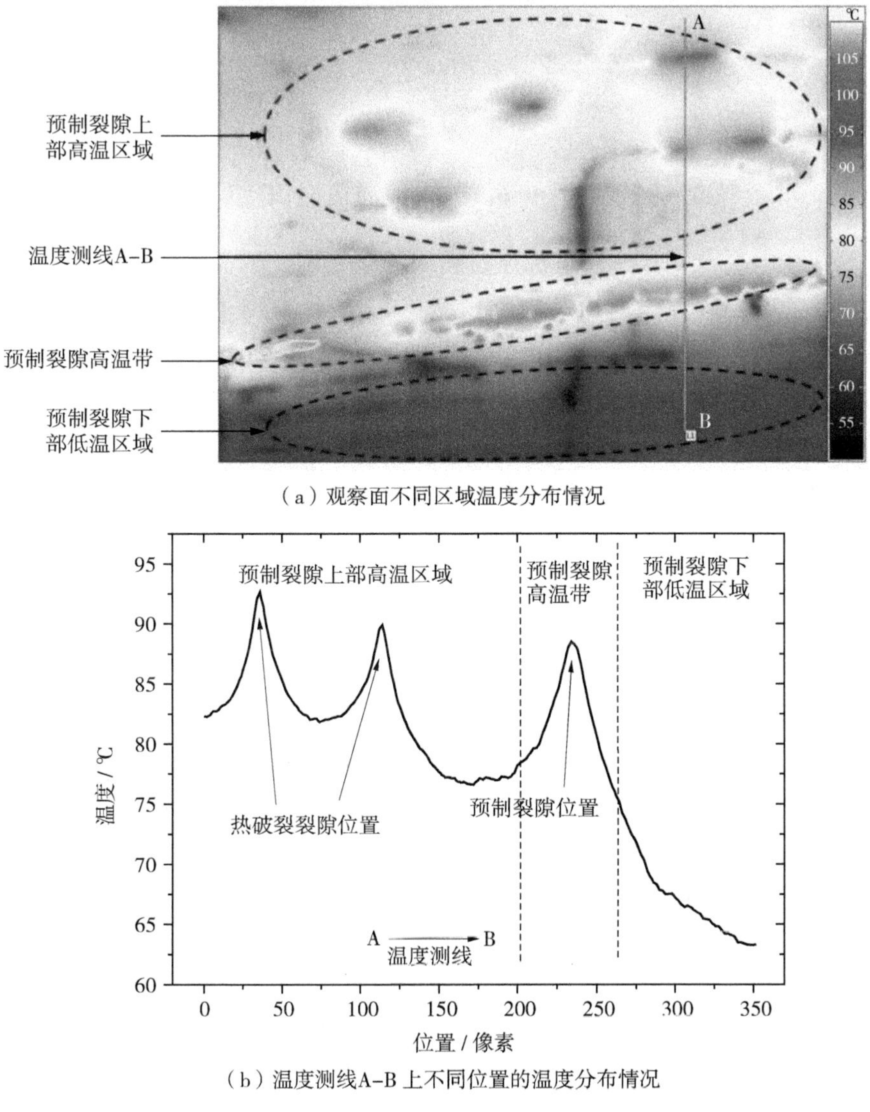

（a）观察面不同区域温度分布情况

（b）温度测线A-B 上不同位置的温度分布情况

图 5－10　加热 7 h 时油页岩观察面温度分布特征

对于油页岩观察面的温度场分布和演化特征，需要补充两点说明。首先是观察面中竖向分布的低温带，这是由裂隙中流出的冷凝水沿着观察面向下流动形成的。冷凝水在向下流动的同时会蒸发，导致冷凝水流过位置的温度低于周边岩石的温度。这种竖向分布的带状低温区域在加热时间高于 8 h 后基本消失，这是因为加热到后期，从裂隙中出来的几乎全部是气态的水蒸气，表明油页岩内部的温度已经较高。其次是整个观察面的温度都未达到油页岩的热解温度，这是由于观察面直接与空气接触，热量散失严重。实验表明，利用水蒸气对油页岩矿层进行加热时，水蒸气不会只沿着预制主裂隙流动而发生短路。相反，水蒸气会不断地进入新的热破裂裂隙中，扩大加热范围，实现对油页岩矿层的高效加热。

5.2.2 水蒸气加热条件下油页岩内部温度分布和演变规律

为了实时监测高温水蒸气加热过程中油页岩内部的温度分布和演变规律，在浇筑油页岩包裹体之前在其内部预埋了 57 根热电偶。其中，注热孔内预埋了一个热电偶用于监测注入油页岩试件的高温水蒸气的温度，其余 56 根热电偶则用于监测油页岩试件中其他位置的温度变化情况。热电偶的预埋位置和编号方式在 5.1.1 中有详细的介绍，这里不再赘述。图 5－11 展示的是注热孔中高温水蒸气的温度随时间变化的曲线。从图 5－11 可知，注热孔中的水蒸气温度在开始注热的前 10 min 内迅速从常温增加到 180 ℃，在随后的 50 min 左右温度上升缓慢。这是因为，在前 10 min 内，高温水蒸气进入预制裂隙，使得预制裂隙两侧的围岩受热发生膨胀，挤压裂隙使得裂隙开度变小，高温水蒸气在裂隙中的流量变小。较小流量的高温水蒸气对围岩的加热速率较小，同时，水蒸气流量较小，水蒸气携带的热能就相对较少，导致在随后的 50 min 内注热孔位置的温度上升缓慢，基本保持在 200 ℃。在注热 1 h 后，预制裂隙的水蒸气流量逐渐变大，注热孔内的水蒸气温度开始以较快的速率上升，并在加热 3.8 h 左右达到 600 ℃。

图 5－12 展示的是 L1、L2、L3、L4 和 L5 测温孔内不同位置的温度随加热时间变化的曲线（钻孔 M1～M5 以及 R1～R5 内测温点温度随加热时间的变化规律与钻孔 L1～L5 类似，这里不再对其进行单独分析）。结合图 5－2(b)可以发现，距离注热孔越近，加热所达到的最终温度越高。L1 钻孔距离注热孔 M1 最近(8 cm)，因此，L1 钻孔内各温度测点的温度随加热时间的变化趋势与注热孔内水蒸气的温度随时间变化的趋势(图 5－11)一致，仅是在数值上存在差异。

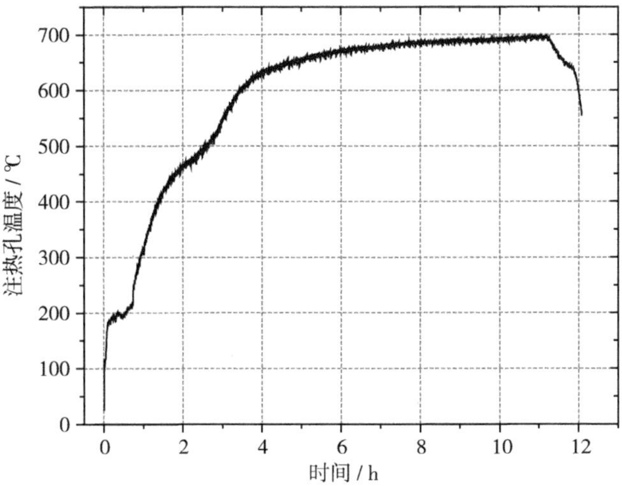

图 5－11　注热孔内水蒸气的温度随时间变化的曲线

L2、L3、L4 和 L5 钻孔内各测温点的温度随加热时间的变化趋势就与 L1 存在较大差异，尤其是在加热到 11 h 后，注热孔内的水蒸气温度开始下降，L1 测温孔内各点的温度也几乎在同一时刻开始下降。这表明，L1 测温孔内各测温点都出现了与注热孔相连通的水蒸气渗流通道，当通过注热孔注入油页岩的水蒸气温度发生变化时，L1 测温孔内各点的热电偶迅速捕捉到这一变化。

图 5－12 中不同位置的钻孔温度随加热时间的变化趋势有一个明显的特点，那就是当温度高于 90 ℃后，温度上升速率明显降低，当温度缓慢上升至 110 ℃以上后，温度上升的速率又开始增大。这一个过程的特点是，距离注热孔 M1 越近、持续时间越短。L1 位置大概持续了 2.5 h，L3 位置大概持续了 4 h，到 L5 位置则持续了约 11 h。事实上，到实验结束时 L5 位置的升温速率才刚开始增大。上述结果表明，注水蒸气原位加热油页岩的过程中可能存在一个加热的阈值温度，该阈值温度介于 90 ℃到 110 ℃之间。存在这一阈值温度的主要原因是，高温水蒸气刚进入油页岩矿层后与油页岩发生热交换，与此同时部分高温水蒸气会发生冷凝。产生的冷凝水部分会滞留在油页岩的孔隙和裂隙中。这部分冷凝水的存在会使高温水蒸气在油页岩矿层中的流动阻力增大，部分位置会出现复杂的气液二相流。后续进入的高温水蒸气需要将这部分液态水驱离油页岩矿层，或者将其重新加热至气态。将油页岩中的液态水加热至气态需要消耗巨大的相变能量。在标准大气压下，1 kg 液态水气化吸能约为

2 260 kJ，是将 1 kg 水从 0 ℃加热到 100 ℃所需能量的 5 倍左右，如图 5－13 所示。因此，在注水蒸气加热油页岩的过程中会在 90 ℃到 110 ℃之间出现升温速率明显降低的现象。当然，如果高温水蒸气的流量和压力足够大，90 ℃到 110 ℃之间出现升温速率降低的现象就会被弱化。

图 5－12 中不同测温点内的温度随加热时间变化的曲线还有一个明显的

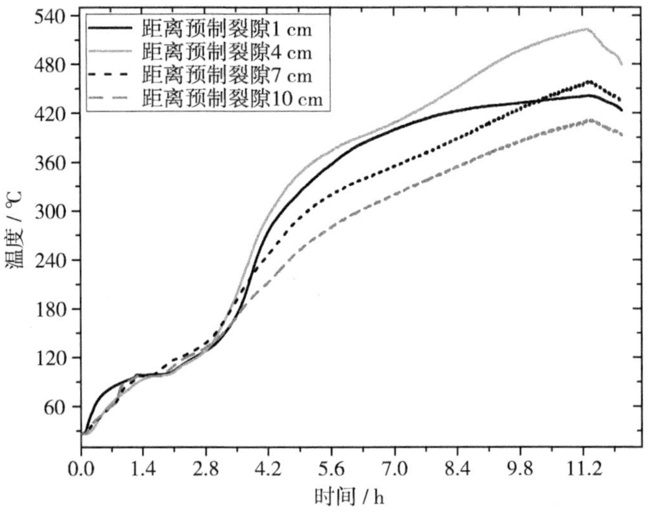

（a）L1 钻孔

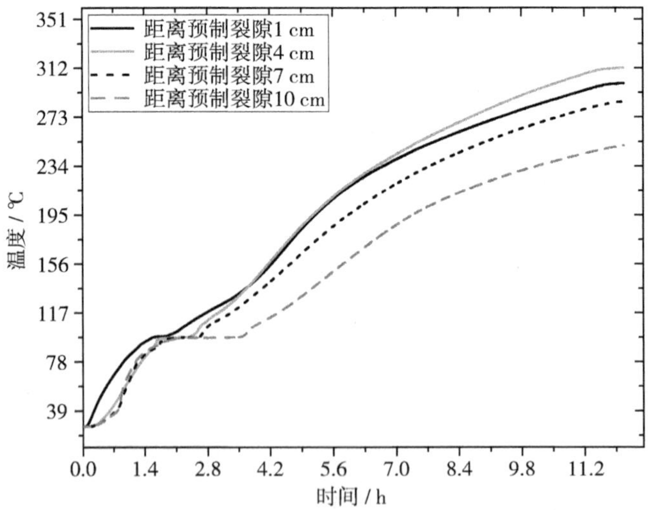

（b）L2 钻孔

图 5－12　钻孔 L1～L5 到主裂隙不同距离的油页岩温度随注热时间变化的曲线

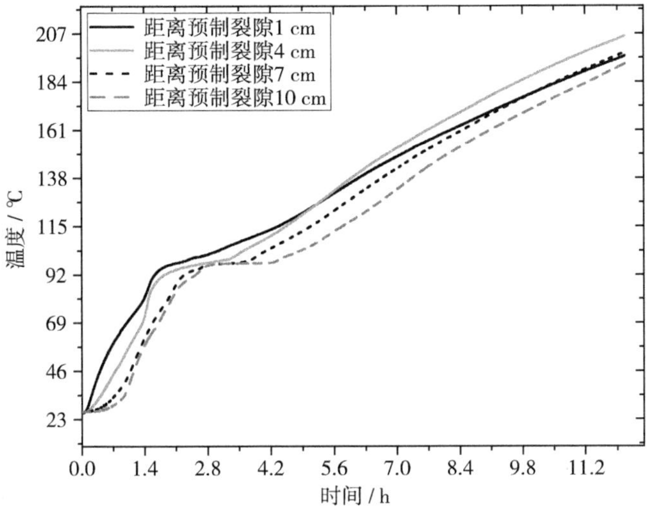

（c）L3 钻孔

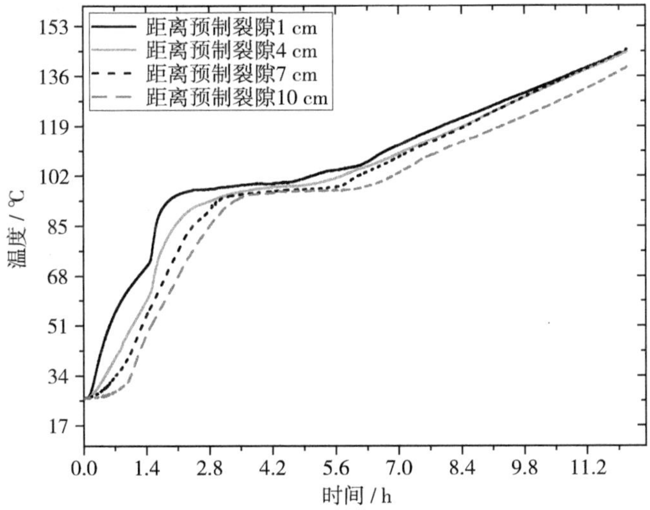

（d）L4 钻孔

图 5-12　（续）

特点，那就是随着加热时间的增加，逐渐出现以下现象：距离预制裂隙较远的测温点的温度比距离预制裂隙近的测温点的温度高。例如，L1 钻孔中，在加热 4 h 后，距离预制裂隙 4 cm 的测温点温度就开始高于距离预制裂隙 1 cm 的测温点的温度。L2 钻孔和 L3 钻孔也存在类似的现象。另外，在注热初期，除距

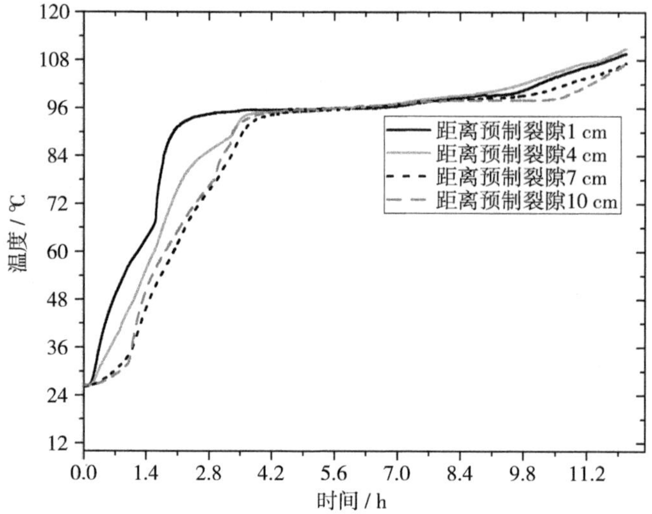

（e）L5 钻孔

图 5－12 （续）

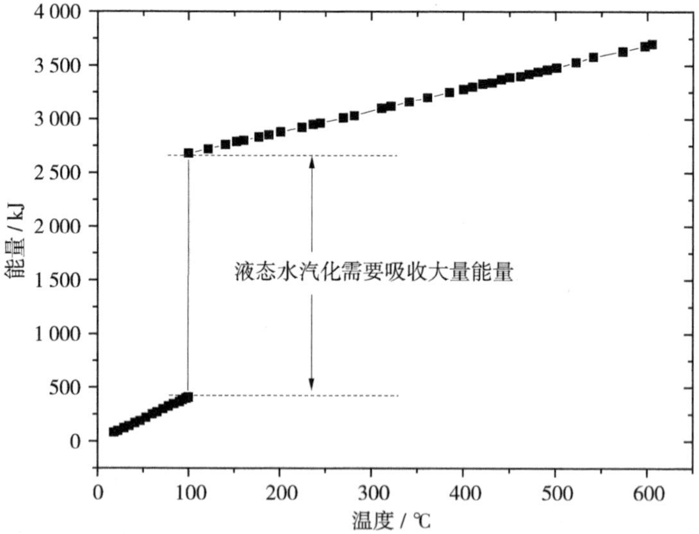

图 5－13 1 kg 水在一个标准大气压条件下加热至不同温度时所需能量曲线图

离注热孔较近的 L1 钻孔外，其他 4 个钻孔内的测温点的温度特点都是距离预制裂隙越近，温度越高。但是，在进一步的加热过程中就开始出现部分距离预制裂隙较远的测温点的温度高于距离预制裂隙较近的测温点温度的现象。出现这种现象的原因是在高温水蒸气注入油页岩预制裂隙后，首先是依靠高温水蒸气与预制裂隙的裂隙面发生热交换使裂隙面两侧的围岩被加热，随后依靠热传导的方式向裂隙面两侧传递能量。这种能量交换和传递的方式必然是距离预制裂隙面越近，温度越高。但是，随着预制裂隙面两侧围岩的温度不断升高，油页岩发生热破裂，形成新的裂隙通道。高温水蒸气进入这些新裂隙通道后，会使这些新裂隙通道位置的温度快速升高，这就导致部分距离预制裂隙较远的测温点的温度高于距离预制裂隙较近的测温点温度的现象。当然，距离注热孔越近越易发生热破裂，上述现象就越早出现。

图 5－14 展示的是距离预制裂隙 1 cm 处不同加热时间的温度分布云图。从图 5－14 可知，距离预制裂隙 1 cm 位置的温度分布特征为注热孔位置温度最高，观察面位置温度最低。随着加热时间的增加，注热孔位置的温度不断升高，结合图 5－11 可知，在加热 3.8 h 左右注热孔位置的温度就达到了 600 ℃以

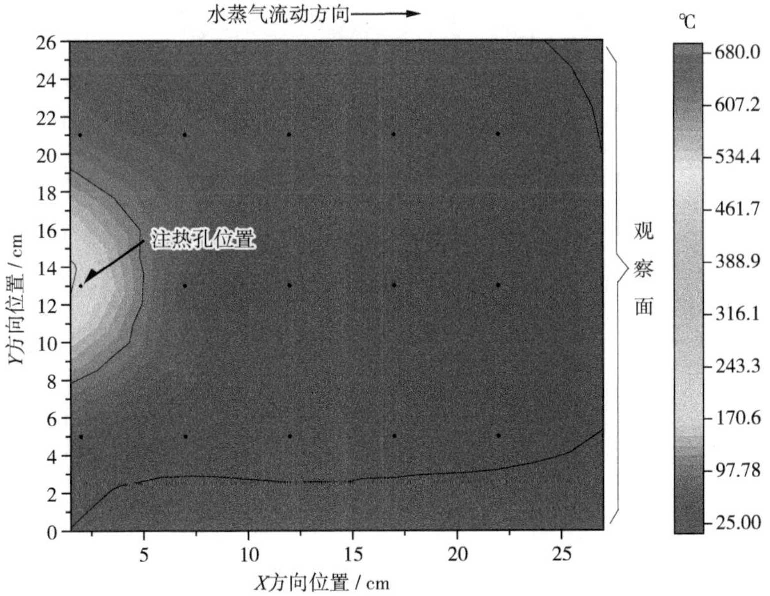

（a）0.5 h

图 5－14　距离预制裂隙 1 cm 处不同加热时间的温度分布云图

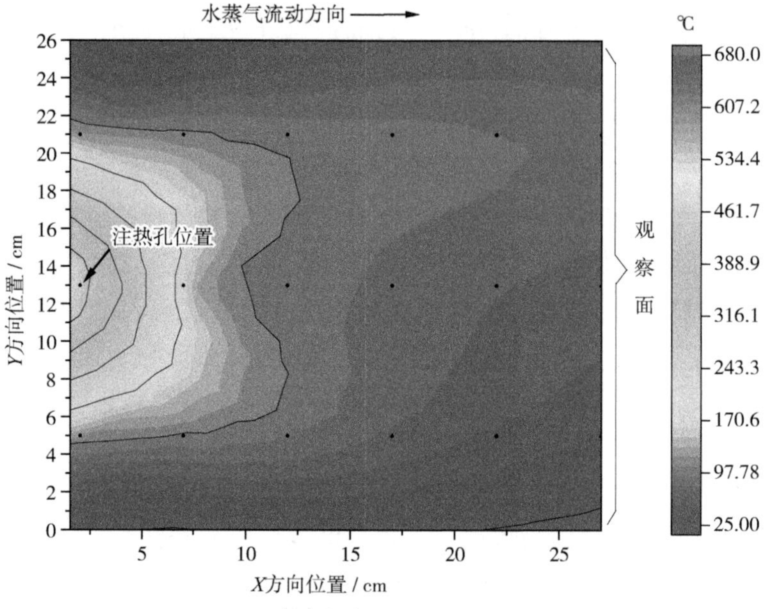

（b）2.5 h

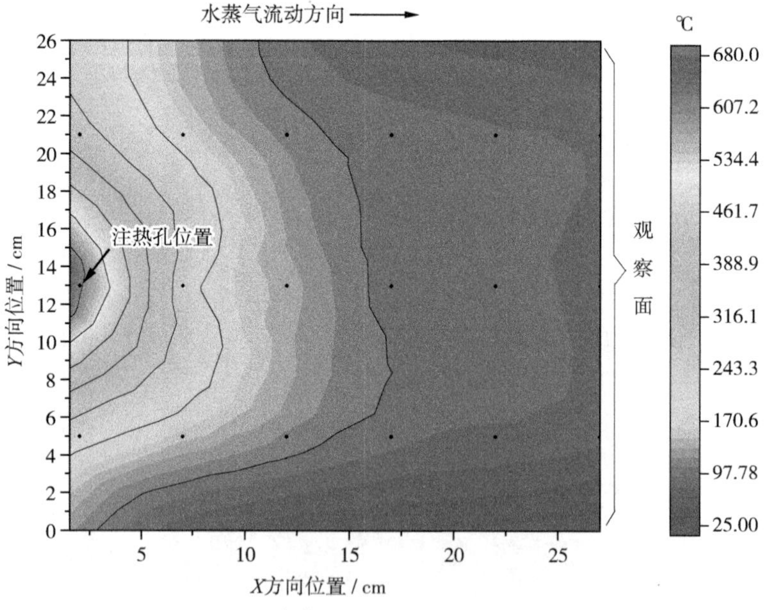

（c）4.5 h

图 5-14 （续）

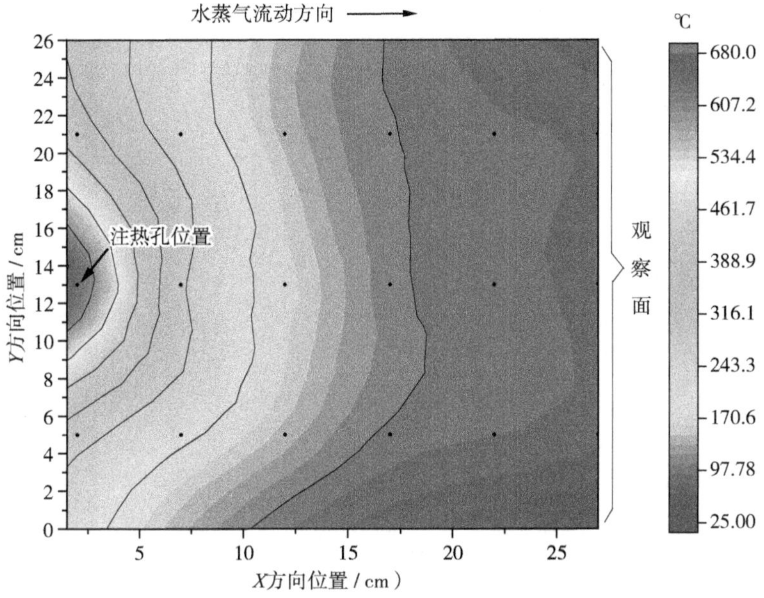

（d）6.5 h

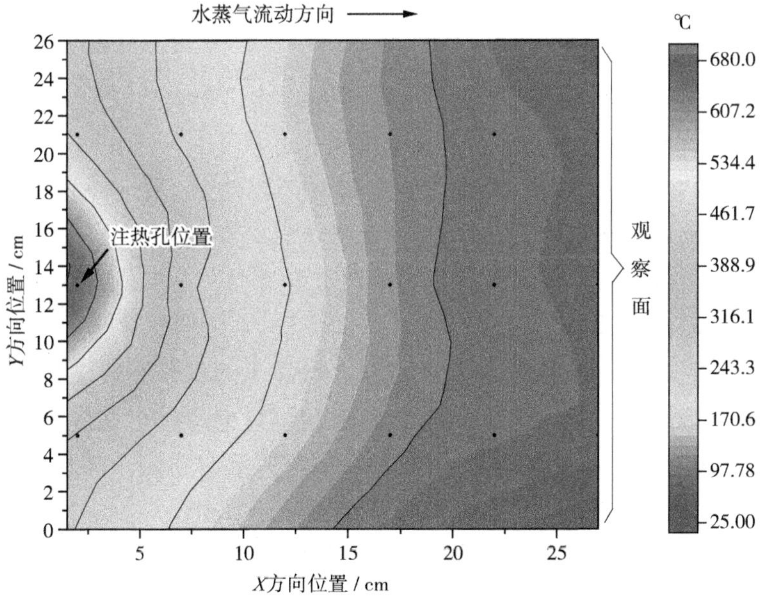

（e）8.5 h

图 5－14　（续）

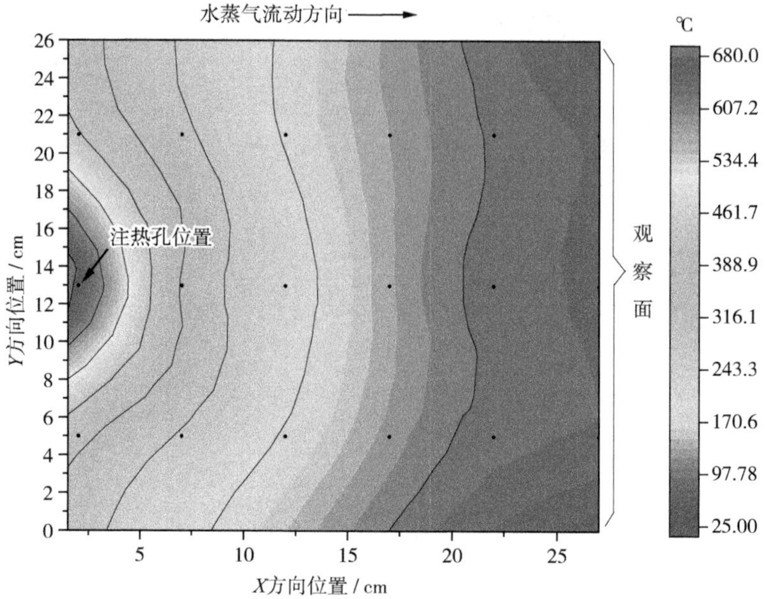

(f) 10.5 h

图 5-14 (续)

上。同时,从注热孔到观察面之间的温度也随着注热时间的增加而升高。随着加热时间的增加,以注热孔为中心,高温区域不断扩大。

图 5-15 展示的是注热孔 M1 以及测温孔 M2、M3、M4 和 M5 所在平面的温度分布情况(垂直于层理面,左侧黑线位置为注热孔)。

从图 5-15 可以发现,注热孔位置的温度在注热 4 h 后就达到了 600 ℃以上,注热孔的高温持续沿着水蒸气流动方向扩展。一开始,高温水蒸气沿着预制裂隙流动,因此靠近预制裂隙位置的温度略高于远离预制裂隙位置的温度。但是,加热到后期(8 h 以后),远离预制裂隙的位置也开始出现较高的温度,等温线从预制裂隙往上不再是从右往左递减的趋势,而是出现了波动。上述现象与观察面的温度分布特征吻合,这表明,加热到后期,由于高温水蒸气进入热破裂裂隙中,使得热破裂裂隙位置温度高于围岩的温度。

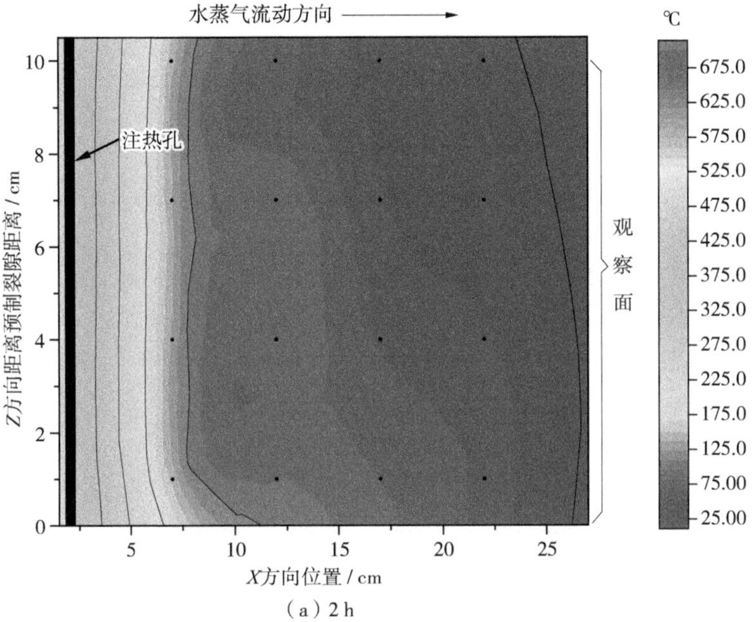

（a）2 h

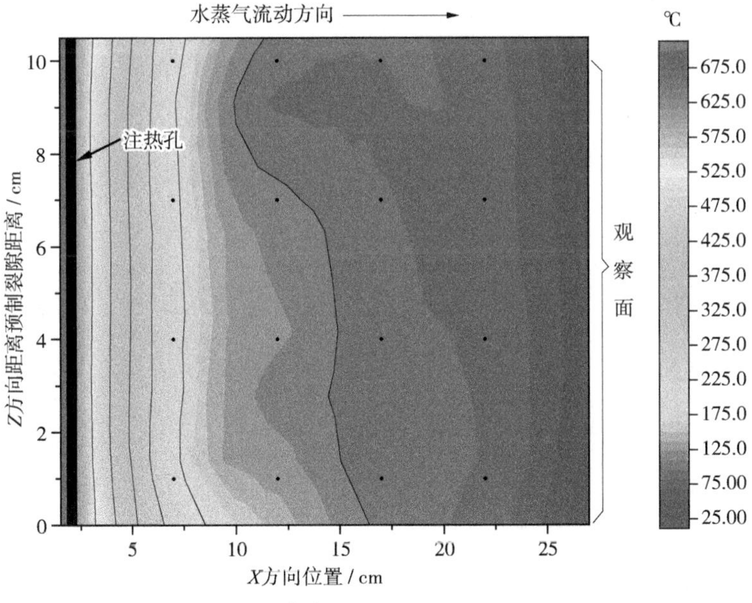

（b）4 h

图 5 - 15　M 钻孔所在平面不同加热时间的温度分布云图

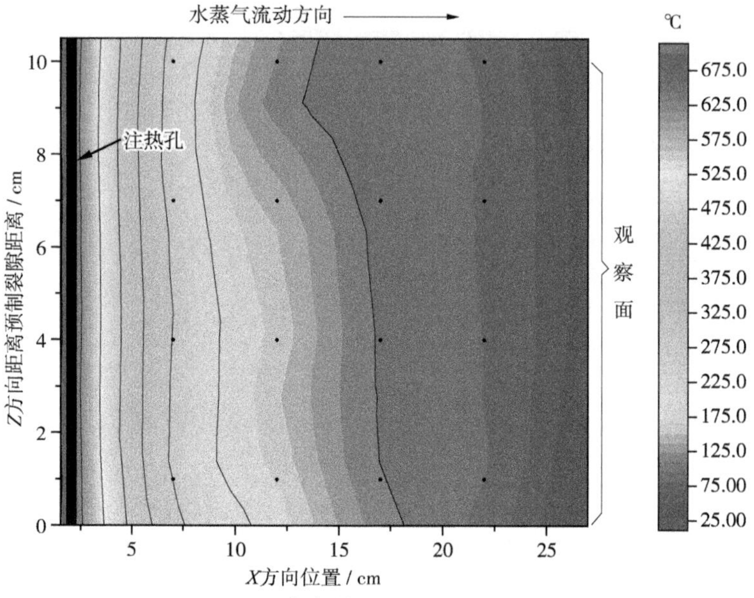

（c）6 h

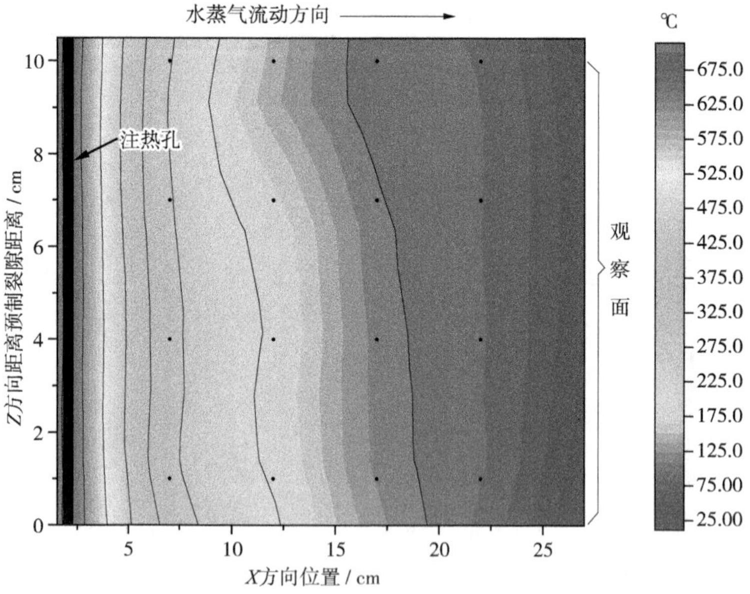

（d）8 h

图 5-15 （续）

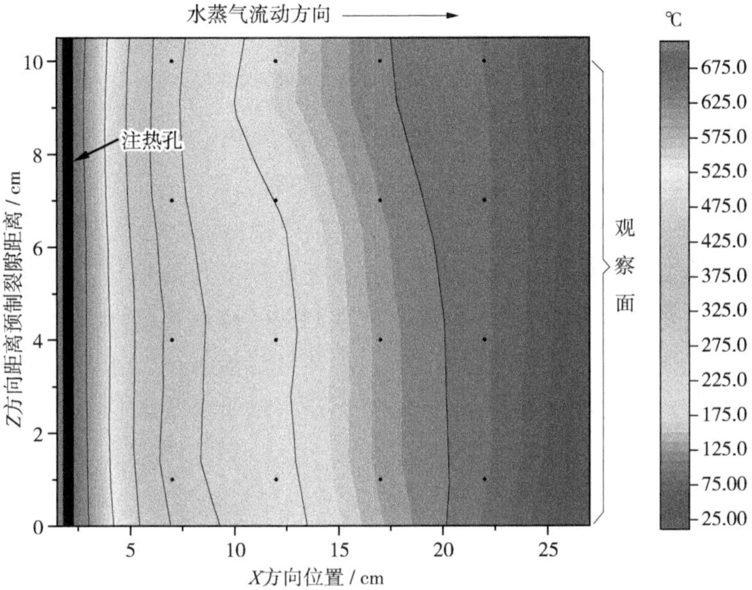

（e）10 h

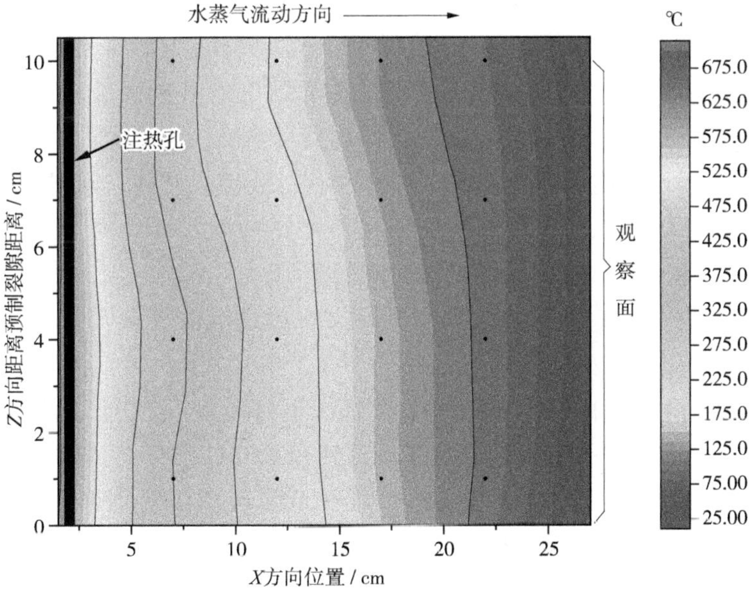

（f）12 h

图 5-15　（续）

5.3 本章小结

利用水蒸气高效加热油页岩实验系统和红外热成像仪研究了高温水蒸气高效加热油页岩的温度场变化规律，得到如下结论：

① 利用高温水蒸气作为载热介质加热油页岩，高温水蒸气首先沿着预制裂隙流动并加热裂隙面两侧围岩，因此首先在裂隙面的位置形成高温区域。裂隙面两侧围岩温度逐渐升高，此时的热源为预制裂隙内的高温水蒸气。裂隙面两侧的油页岩在受热后发生破裂，形成新的水蒸气渗流通道。水蒸气进入这些新的通道后将热能带入这些裂隙中，使得这些新生的贯穿裂隙位置出现新的高温区域。高温区域不断向裂隙面两侧扩展，又会发生新的热破裂，重复上述过程。因此利用高温水蒸气作为载热介质原位加热油页岩的过程是对流-传导复合高效加热过程。

② 高温水蒸气在刚进入油页岩裂隙中时，由于油页岩处于常温状态(25 ℃)，高温水蒸气与裂隙面的温差较大，进入裂隙中的水蒸气会形成冷凝水，与此同时将热量传递给油页岩固体基质。当高温水蒸气持续进入油页岩裂隙中，油页岩裂隙内会不断积聚冷凝水，并且油页岩固体基质的温度也在不断上升。在这一阶段，油页岩裂隙面两侧的围岩温度上升速率较快，这是由于水的气化潜热较大，水蒸气发生冷凝时会释放大量热能。当裂隙面两侧围岩接近100 ℃时，升温速率明显降低并在100 ℃左右持续较长时间。这是由于当围岩温度接近100 ℃时也达到了水的沸点，裂隙中的冷凝水开始大量气化，这会消耗大量的能量，导致裂隙面的温度长时间处于100 ℃左右。当油页岩裂隙面两侧的围岩温度高于100 ℃后，裂隙中的冷凝水也基本被重新气化，此时裂隙面两侧围岩的升温速率又重新增大。

③ 在没有较大的跨层理裂隙存在的情况下，高温水蒸气难以实现跨层理面流动。这意味着在进行油页岩原位注水蒸气开采的过程中，注热井内水蒸气出口位置应当处于目标矿层内。此外，水蒸气只沿层理面流动也会减少无效加热，提高能量回报率和加热效率。

第 6 章　原位注过热水蒸气高效对流加热开采油页岩的数值研究

6.1　THM 耦合数学模型的建立及物理几何模型初始和边界条件的确定

6.1.1　基本假设

油页岩原位注水蒸气开采是一个复杂的物理化学过程，为在最大程度还原真实的原位注热开采过程的前提下降低计算的复杂程度，本书引入如下假设用以简化模型：

① 油页岩层及其顶底板在工程尺度上等效为连续介质，即宏观的统计意义上的物理力学参数可以直接用于模型计算而不考虑微观尺度的非连续现象。温度、外部载荷和孔隙压力等因素造成的微观尺度上的非连续现象在宏观尺度上表现为渗透率、弹性模量等参数的变化。这些参数具有统计意义，在宏观模型中，这些参数的变化在一定程度上反映了微观尺度上的非连续变化。

② 油页岩层及其顶底板中在微段压力梯度上流体的流动服从达西定律。

$$q=-\frac{k}{\mu}\nabla p \tag{6-1}$$

式中，q 为比流量，m/s；k 为渗透率，m^2；μ 为动力黏度，Pa·s；∇p 为水力梯度。

③ 不考虑油页岩层孔隙、裂隙中水、水蒸气以及干酪根热解产物之间的多相界面表面张力。

④ 假设热解产生的油气产物随水蒸气和冷凝水运移，由于热解产物相对于水蒸气及冷凝水而言含量极少，不单独考虑其运移特征。

⑤ 假设在岩层温度达到油页岩中的有机质干酪根热解的温度时即完成热解，不考虑有机质热解的时间及所需化学反应活化能，这是因为在测试油页岩的比热容时油页岩内部就包含有机质干酪根，测得的不同温度下的油页岩比热容已经将有机质热解所需的化学反应活化能考虑在内。

⑥ 油页岩及其泥岩顶底板被认为是横观各向同性多孔介质材料。

⑦ 忽略孔隙、裂隙中的流体与多孔固体基质之间的热交换时间，即采用局部热平衡方程描述多孔固体基质与流体之间的传热过程。

6.1.2 THM耦合数学模型

(1) 固体的变形方程

根据 Salimzadeh 等[176]的研究，饱和多孔介质的变形场满足以下微分方程：

$$\mathrm{div}[\boldsymbol{D}(\varepsilon-\varepsilon_c)-\alpha p\boldsymbol{I}-\beta_s K(T-T_0)\boldsymbol{I}]+\boldsymbol{F}=0 \tag{6-2}$$

式中，$\boldsymbol{D}$ 为刚度矩阵，考虑各向异性时 $\boldsymbol{D}$ 的表达式如下：

$$\boldsymbol{D}=\begin{bmatrix} C_{11} & C_{12} & C_{13} & 0 & 0 & 0 \\ C_{12} & C_{11} & C_{13} & 0 & 0 & 0 \\ C_{13} & C_{13} & C_{33} & 0 & 0 & 0 \\ 0 & 0 & 0 & C_{44} & 0 & 0 \\ 0 & 0 & 0 & 0 & C_{44} & 0 \\ 0 & 0 & 0 & 0 & 0 & \dfrac{C_{11}-C_{12}}{2} \end{bmatrix} \tag{6-3}$$

其中：

$$\begin{cases} C_{11}=E_{\mathrm{par}}(E_{\mathrm{per}}-E\nu_{\mathrm{per}}^2)\Gamma \\ C_{33}=E_{\mathrm{per}}(1-\nu_{\mathrm{par}}^2)\Gamma \\ C_{12}=E_{\mathrm{par}}(E_{\mathrm{per}}\nu_{\mathrm{par}}^2+E_{\mathrm{par}}\nu_{\mathrm{per}}^2)\Gamma \\ C_{13}=E_{\mathrm{par}}E_{\mathrm{per}}\nu_{\mathrm{par}}(1+\nu_{\mathrm{par}})\Gamma \\ C_{44}=G_{\mathrm{per}} \\ C_{66}=G_{\mathrm{par}} \\ \Gamma=\dfrac{1}{(1+\nu_{\mathrm{par}})\{(1-\nu_{\mathrm{par}})E_{\mathrm{par}}-2\nu_{\mathrm{per}}^2E_{\mathrm{par}}\}} \end{cases} \tag{6-4}$$

(2) 能量守恒方程

根据 Wang 等[138]的研究，油页岩原位注热开采的传热过程可以用如下方程描述：

$$(\rho c_p)_{\mathrm{eff}}\frac{\partial T}{\partial t}+\rho_1 c_{p1} q\cdot\nabla T-\mathrm{div}(\lambda_{\mathrm{eff}}\nabla T)=0 \tag{6-5}$$

$$(\rho c_p)=\phi\rho_1 c_{p1}+(1-\phi)\rho_s c_{ps} \tag{6-6}$$

$$\boldsymbol{\lambda}_{\mathrm{eff}}=(1-\phi)\boldsymbol{\lambda}_s+\phi\boldsymbol{\lambda}_1 \tag{6-7}$$

其中热传导系数张量为：

$$\boldsymbol{\lambda}_{s}=\begin{bmatrix}\lambda_{s-par} & 0 & 0\\ 0 & \lambda_{s-par} & 0\\ 0 & 0 & \lambda_{s-per}\end{bmatrix} \tag{6-8}$$

（3）质量守恒方程

根据 Salimzadeh 等[176]的研究，多孔介质的流体流动满足以下质量守恒方程：

$$\mathrm{div}\left[\frac{k}{\mu_1}(\nabla p+\rho_1 g)\right]=\alpha\frac{\partial(\mathrm{div}\,u)}{\partial t}+\beta_1\frac{\partial p}{\partial t}-\phi\beta_T\frac{\partial T}{\partial t} \tag{6-9}$$

其中油页岩的渗透张量如下：

$$\boldsymbol{k}=\begin{bmatrix}k_{par} & 0 & 0\\ 0 & k_{par} & 0\\ 0 & 0 & k_{per}\end{bmatrix} \tag{6-10}$$

式(6－2)到式(6－10)中各符号的含义见表 6－1。

表 6－1 符号含义

符号	含义	符号	含义
$\boldsymbol{D}$	刚度矩阵	$\boldsymbol{I}$	二阶恒等张量
α	Biot 系数	p	流体压力
β_s	油页岩的热膨胀系数	T_0	求解域的初始温度
K	油页岩基质的体积模量	$\boldsymbol{F}$	体力分量矩阵
E_{par}	平行层理方向的弹性模量	E_{per}	垂直层理方向的弹性模量
ν_{par}	平行层理方向泊松比	ν_{per}	垂直层理方向泊松比
ρ_1	被加热流体密度	c_{p1}	被加热流体比热容
q	加热流体的流速	T	温度
ρ_s	油页岩的密度	c_{ps}	被加热油页岩的比热容
$\boldsymbol{\lambda}_s$	油页岩的热传导系数张量	$\boldsymbol{\lambda}_1$	加热流体的热传导系数张量
λ_{s-par}	油页岩平行层理方向热传导系数	λ_{s-per}	油页岩垂直层理方向热传导系数
$\boldsymbol{k}$	油页岩渗透张量	μ_1	加热流体的动力粘度
u	油页岩变形	g	重力加速度
ϕ	油页岩孔隙率	β_1	加热流体的压缩系数
β_T	加热流体的体积膨胀系数	k_{par}	油页岩平行层理方向渗透率
k_{per}	油页岩垂直层理方向渗透率	c_p	等效比热容

由 Wang 等[177]的研究可知，油页岩的渗透率表现出明显的各向异性特征，不同温度条件下不同方向的油页岩渗透率可以通过以下拟合公式获得：

$$k_{\mathrm{per}}=\begin{cases}0(20\ ℃<T<450\ ℃)\\ 2.46\times10^{-20}T+1.081\times10^{-17}(450\ ℃\leqslant T<550\ ℃)\\ -2.457\times10^{-21}T^2+2.805\times10^{-18}T+7.868\times10^{-16}(550\ ℃\leqslant T\leqslant600\ ℃)\end{cases}\tag{6-11}$$

$$k_{\mathrm{par}}=\begin{cases}-4.539\times10^{-22}T^2+2.036\times10^{-19}T-5.419\times10^{-18}(20\ ℃\leqslant T<350\ ℃)\\ 1.759\times10^{-20}T^2-1.212\times10^{-17}T+2\times10^{-15}(350\ ℃\leqslant T\leqslant600\ ℃)\end{cases}\tag{6-12}$$

油页岩原位注热开采的固流热耦合作用机理中非常重要的一个部分是物性参数之间的相互影响[143]。本书结合前人的大量研究成果以及前面章节的研究结论，将油页岩原位注热开采涉及的重要物性参数随温度、孔隙压力和时间等变化的理论和经验公式总结如下：

$$\begin{cases}\rho_{\mathrm{g}}=2\ 272.7\dfrac{p\times10^{-6}}{T+273}\\ \rho_{\mathrm{w}}=(0.996\ 7-4.615\times10^{-5}T-3.063\times10^{-6}T^2)\times10^3\\ \mu_{\mathrm{g}}=(0.36T+88.37)\times10^{-7}\\ \mu_{\mathrm{w}}=\left(\dfrac{1\ 743-1.8T}{47.7T+759}\right)\times10^{-3}\\ C_{\mathrm{g}}=-0.000\ 1T^3+0.094\ 8T^2-27.103T+9\ 246.8\\ C_{\mathrm{w}}=0.016\ 5T^2-1.487\ 8T+4\ 207.4\\ \lambda_{\mathrm{g}}=1.0\times10^{-8}T^3-4.0\times10^{-6}T^2+0.000\ 6T+0.007\ 8\\ \lambda_{\mathrm{w}}=-1.26\times10^{-5}T^2+2.56\times10^{-3}T+0.551\ 3\\ \rho_{\mathrm{s}}=-8.0\times10^{-9}T^3-9.0\times10^{-6}T^2+0.001\ 8T+2.091\ 9\\ \phi=-5.0\times10^{-7}T^3+0.000\ 5T^2-0.102\ 8T+7.2611\\ \lambda_{\mathrm{s-per}}=1.176\times10^{-6}T^2-0.002\ 85T+1.938\ 1\\ \lambda_{\mathrm{s-par}}=4.563\times10^{-6}T^2-0.001\ 19T+0.758\ 1\end{cases}\tag{6-13}$$

上述的渗透率拟合公式是基于完整的油页岩试件渗透率测试得到的，无法反映出水蒸气加热过程中，热破裂产生的沿层理方向分布的贯通裂隙对矿层加热的促进作用。但是，根据第 2 章和第 5 章的研究结果，水蒸气作用下的油页岩热破裂主要沿层理方向分布，只对层理方向的渗透率有促进作用。因此，本章在进行数值模拟时，垂直层理方向的渗透率采用 Wang 等[177]的研究结果。对于平行层理方向油页岩的渗透率则结合前面章节的研究结果进行了修正，具体修正依据和修正方法如下：

平行层理方向油页岩的渗透率主要受贯通裂隙的数量和裂隙开度的影响。由第 2、第 3 章的研究结果可知，油页岩在常温下十分致密和完整，渗透率极低。同时考虑到在工程尺度上，由于成岩和地质等因素共同作用下，油页岩矿层会存在一些裂隙。这种裂隙为加热初期高温水蒸气的进入提供了初始通道。因此假设通过水力压裂形成的初始压裂裂隙在支撑剂的支撑作用下一直保持高渗透率（10^{-12}～10^{-13} m^2 量级），固体基质假设在 350 ℃以内未出现贯通裂隙，没有贯通裂隙存在的固体基质渗透率采用 Wang 等[177]测试所得的渗透率。在 350 ℃以后新生成的贯通裂隙渗透率采用第 4 章所测渗透率数据，所有渗透率数据以插值函数的形式导入 Comsol Multiphysics 软件中进行计算，具体渗透率随温度变化的曲线如图 6-1 所示。

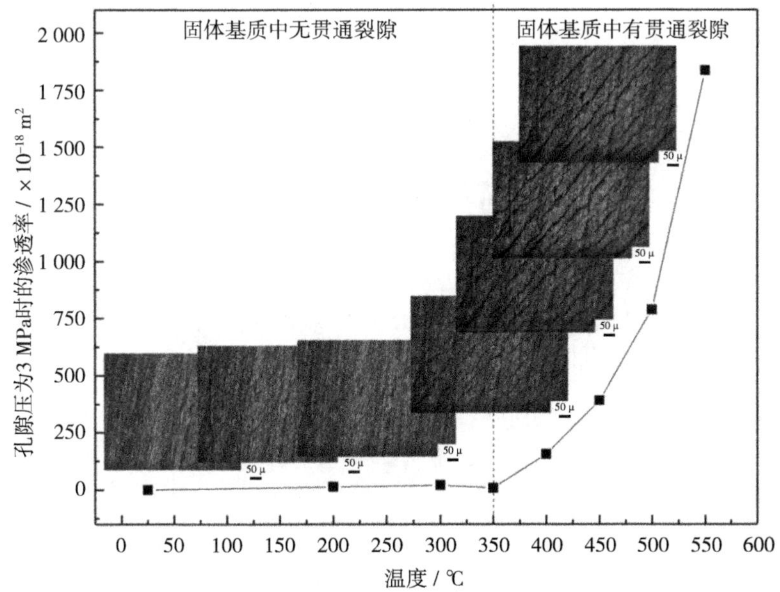

图 6-1　考虑裂隙演化的油页岩渗透率随温度变化的曲线

6.1.3　物理几何模型的确立

本书主要以新疆巴里坤油页岩的赋存条件为工程背景开展的相关研究，因此,用于数值模拟研究的物理几何模型仍然以新疆巴里坤的油页岩埋藏条件为依据。新疆巴里坤油页岩平均总厚度约为 42.58 m,包括约 22 层油页岩矿层,平均含油率达到了 6.52%,局部含油率可达 10%以上。该矿区的油页岩埋深由地表至地下 500 m 深不等,埋藏较浅的油页岩资源正在通过露天开采的方式开发利用。该地区油页岩矿层的产状较为平缓,倾角一般在 3°左右,局部能够达到 60°。矿层顶底板多为粉砂质泥岩或泥岩,属于弱含水隔水层,矿区气候干旱,没有常年性地表水,水文地质条件简单,有利于进行原位注水蒸气开采油页岩的工业实践。

基于上述原因,本章将数值模拟的物理几何模型简化如下:① 油页岩矿层的倾角为 0°,即水平地层;② 油页岩矿层上部距离地表的深度为 200 m,矿层厚度为 40 m;③ 矿层顶、底板为渗透率极低的弱含水隔水层,且矿层顶、底板无含水层;④ 开采区域的井筒布置方式采用九井布置,即中部布置一口注热井,注热井四周布置八口抽采井,如图 6-2 所示。相邻井筒的间距为 60 m。在进行数值模拟时,仅截取四分之一的模型进行。在截取的四分之一模型中,包含一个注热井和三个抽采井,这四口井分别位于模型的四个顶点。

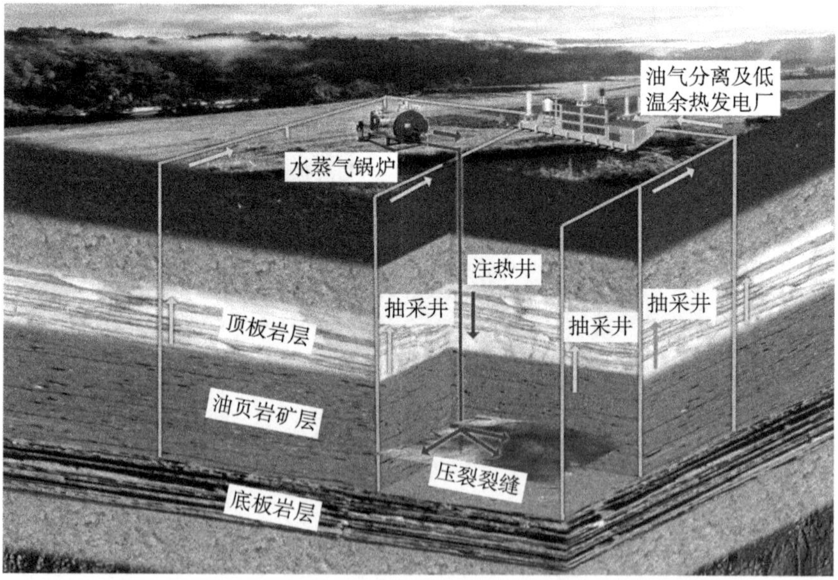

图 6-2　油页岩原位注热开采的九井布置方式示意图

Wang 等[145]的研究表明,在原位注水蒸气开采油页岩的过程中,油页岩储层的压裂裂隙间距为 20 m 时能够获得较好的加热效率和经济效益。由于本章假设油页岩矿层厚度为 40 m，则只考虑压裂裂隙条数为一条和两条的情况。当压裂裂隙为一条时，压裂裂隙位于油页岩矿层的中部，当压裂裂隙为两条时，上部的压裂裂隙距离油页岩矿层顶板 10 m，下部的压裂裂隙距离油页岩矿层底板 10 m，这两条压裂裂隙相距 20 m，且沿层理方向分布。此外，根据第 3 章的研究结果可知，注入高温水蒸气加热油页岩时，在注热孔与水蒸气出口距离为 25 cm 的条件下，水蒸气加热而产生的沿层理方向贯通了注热孔和水蒸气出口的裂隙的间距约为 1 cm。因此，假设水蒸气加热条件下裂隙的间距与水蒸气注入井到开采井间距的比值为 1∶25。那么，当井间距为 60 m 时，高温水蒸气加热后形成的贯通裂隙的间距应为 2.4 m。因此，本书假设油页岩矿层每隔 2.5 m 有一个沿层理分布的弱面。这种弱面在低温阶段(350 ℃以内)呈闭合状态，具体表现为与油页岩固体基质拥有相同的渗透率。当温度高于 350 ℃后，这些弱面开始转变为沿层理分布的贯通裂隙。当裂隙贯穿后，就会形成新的水蒸气通道。高温水蒸气进入该裂隙中，进一步扩大了高温区域的范围。为方便对比，本章同时研究了不考虑油页岩矿层存在弱面的情况。综上，表 6－2 列出了四种模型的压裂裂隙分布情况和弱面分布情况。

表 6－2　不同模型的压裂裂隙分布情况和弱面分布情况

模型序号	压裂裂隙数量	是否考虑矿层弱面的影响	备注
模型 1	1	否	压裂裂隙位于油页岩矿层中部，沿层理方向分布且连通了注热井和抽采井
模型 2	1	是	压裂裂隙位于油页岩矿层中部，沿层理方向分布且连通了注热井和抽采井，油页岩矿层中每隔 2.5 m 沿层理方向分布有一个弱面，矿层温度高于 300 ℃后弱面开始演化为连通注热井和开采井的裂隙
模型 3	2	否	上部的压裂裂隙距离油页岩矿层顶板 10 m，下部的压裂裂隙距离油页岩矿层底板 10 m，两条压裂裂隙相距 20 m，且沿层理方向连通了注热井和抽采井
模型 4	2	是	上部的压裂裂隙距离油页岩矿层顶板 10 m，下部的压裂裂隙距离油页岩矿层底板 10 m，两条压裂裂隙相距 20 m，且沿层理方向连通了注热井和抽采井。油页岩矿层中每隔 2.5 m 沿层理方向分布有一个弱面，矿层温度高于 300 ℃后弱面开始演化为连通注热井和开采井的裂隙

本章关于弱面间距与弱面延展距离的假设是根据第 5 章的研究结果线性外推得到的，这里简要说明一下这种假设的合理性。图 6－3 展示的是在新疆

巴里坤油页岩矿区通过钻井得到的油页岩岩芯。通过分析油页岩岩芯可知，油页岩矿层中存在大量的裂隙和弱面，在某些层位上甚至存在较大的裂隙带，这些裂隙或弱面位置往往分布有铁的氧化物，使得该位置岩层的胶结强度较低。通过钻井得到的岩芯都是沿着裂隙或弱面断开的，这种裂隙和弱面的尺度跨度较大，从微米级到米级都有分布。图 6-4 展示的是水蒸气加热条件下油页岩温度场的分布特征与贯通裂隙发育的关系示意图。从图 6-4 可知，一开始水蒸气只沿着初始裂隙流动并加热裂隙两侧围岩，裂隙两侧围岩被加热后会发生热破裂，形成新的水蒸气通道。水蒸气进入这些新生成的裂隙通道后进一步扩大加热范围。因此，本书关于矿层弱面和裂隙演化的假设是合理的。

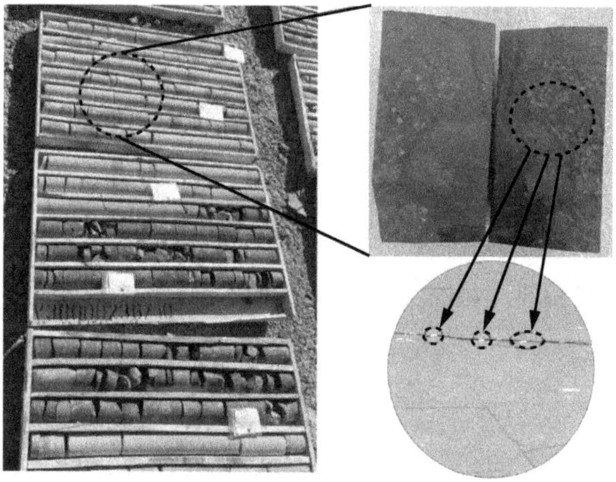

图 6-3　通过钻井得到的油页岩试件

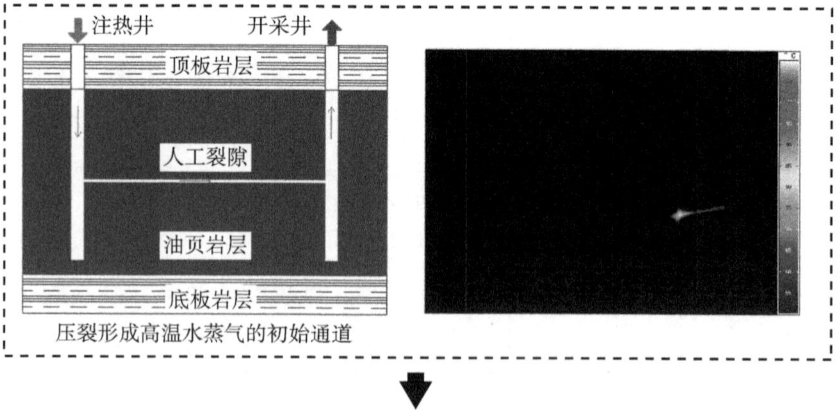

图 6-4　注过热水蒸气原位热解开采油页岩的对流-传导复合高效加热模式

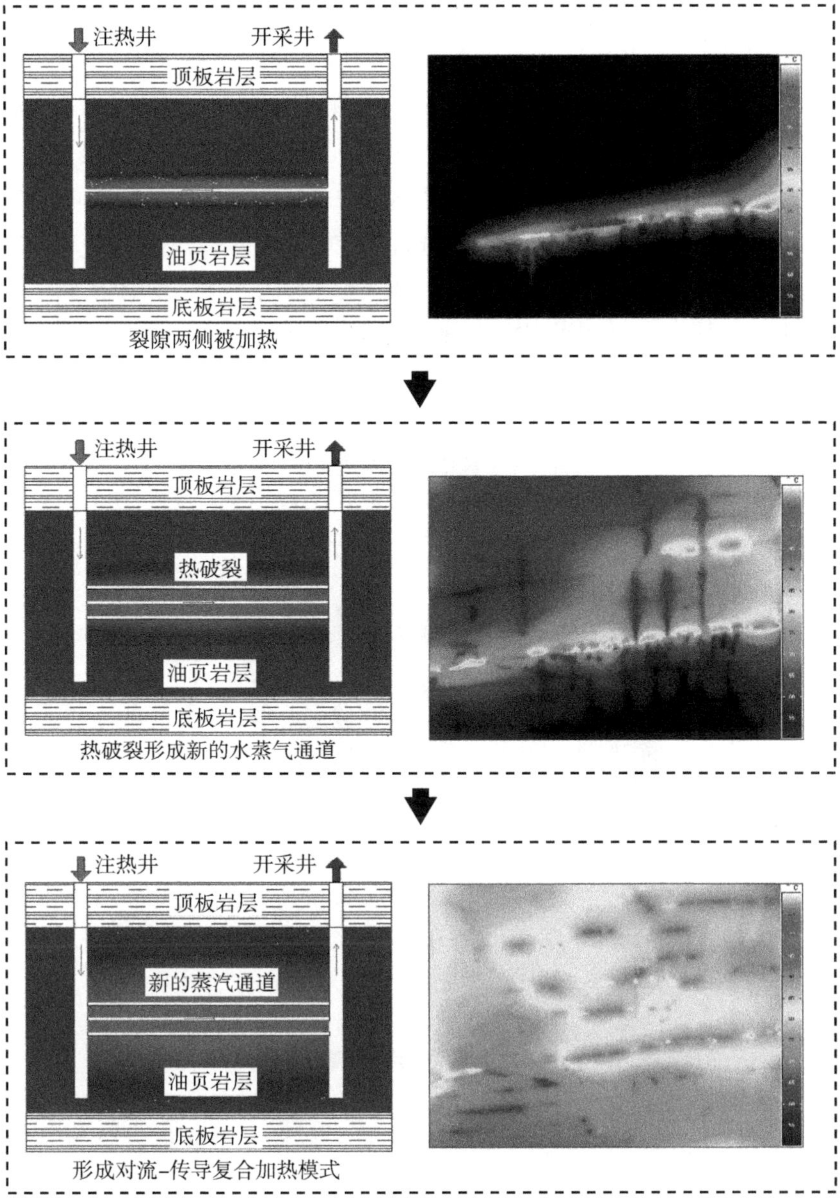

图 6－4 （续）

6.1.4 数值模拟的初始和边界条件的确定

温度场的初始和边界条件：本章在进行数值计算时，假设地层的初始温度为 25 ℃，注热井中油页岩层的位置温度为 600 ℃，假设井筒保温效果良好，即其他边界都是自由边界条件。

固体变形场的初始和边界条件：本章数值模拟的物理模型上部距离地表为 200 m，因此在物理模型上部施加一个大小为 5 MPa 的应力边界条件，方向朝下，模型下部（$Z=0$）、左侧（$Y=0$）和后侧（$X=0$）为固定位移边界，即 $W=0$、$V=0$ 和 $U=0$，U、V 和 W 分别表示 X、Y 和 Z 方向的位移。在模型 $X=50$ m、$Y=50$ m 的两个侧面上均施加应力边界条件，应力大小为 6 MPa$+\gamma z$，方向如图 6-5 所示。其中，r 为油页岩矿层的容重，z 为矿层深度。

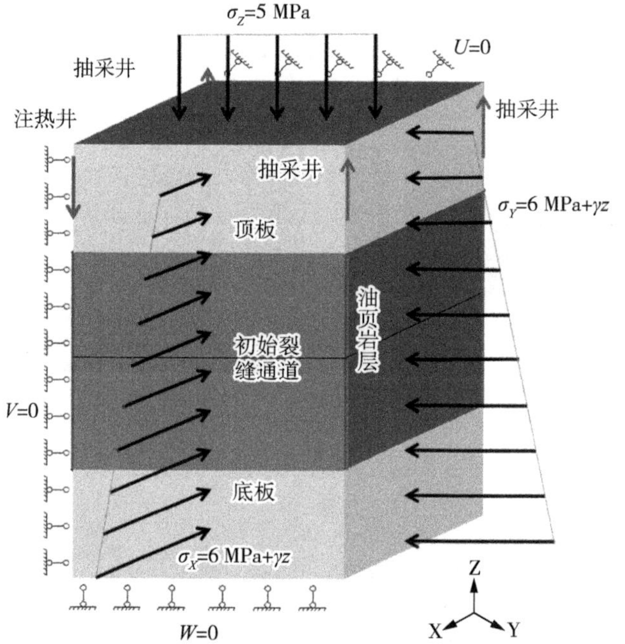

图 6-5　数值计算模型图（基于模型 1）

渗流场的初始条件和边界条件：假设油页岩矿层和顶底板岩层的初始孔隙压力均为 0.1 MPa，位于油页岩矿层段的注热井的注入压力为 3 MPa，位于油页岩矿层段的抽采井的压力为 0.1 MPa，同时假设注热井和抽采井不在油页岩矿层位置的井壁为不渗边界，井筒内部的流体压力对井筒的围岩孔隙压力没有影响。

6.2　原位注水蒸气开采油页岩油气的回收率和能量回报率计算方法

由第 5 章的研究结果可知，在不同温度的高温水蒸气加热后，油页岩内部的有机质残留量与油页岩的热重曲线具有良好的一致性。具体表现为油页岩内部的有机质残留量随温度的增高而减少，且有机质残留量迅速减少的温度区间与热重实验得到的油页岩质量迅速降低的温度区间一致。在温度高于 550 ℃后，通过 CT 扫描实验观察到有机质残留量已经很少，且随着温度的进一步升高，有机质残留量不再出现明显的减少，热重实验也发现当温度高于 550 ℃后油页岩质量损失的速率明显变慢。因此本章假设通过热重实验得到油页岩的质量损失部分全部转化为油页岩热解的油气产物，且温度高于 550 ℃即认为油页岩热解完成，温度高于 550 ℃的位置的资源回收率就达到了 100%。基于上述假设，本章利用下式计算油页岩油气的回收率：

$$R_p = \frac{\iiint_{\Omega} [1 - \eta(T)] \mathrm{d}\Omega}{\iiint_{\Omega} [1 - \eta(550)] \mathrm{d}\Omega} \tag{6-14}$$

式中，$\eta(T)$ 为油页岩的热重曲线，这里假设油页岩在受热作用下的质量损失量与油气产物的质量相等，不考虑油页岩内部的水分等其他物质在温度作用下溢出对油页岩油气产量的影响。

为了尽量降低计算结果的误差，本书直接将第 4 章中热重实验得到的油页岩不同温度时的失重率数据以插值函数的形式导入 Comsol Multiphysics 软件中进行计算，如图 6 - 6 所示。

前人在进行油页岩原位开采的数值模拟研究时，往往只专注于油页岩储层的温度场、渗流场和变形场的时空演变规律，也有部分学者关注了油气产量的相关变化规律。只关注温度场、渗流场和变形场的时空演变规律以及油气产量的相关变化规律对油页岩原位注热开采的现场工业实践的指导意义十分有限。这是因为，现场工业实践不得不考虑经济性。抛开经济性而只关注油气产量等参数，容易得出误导性较强的结论。对于能源的开发利用工业实践，能量回报率 R_E 是一个较好的经济性评价指标，因此本章将会从能量回报率的角度对油页岩原位注热开采的关键技术参数提出建议值。

能量回报率可以通过下式计算：

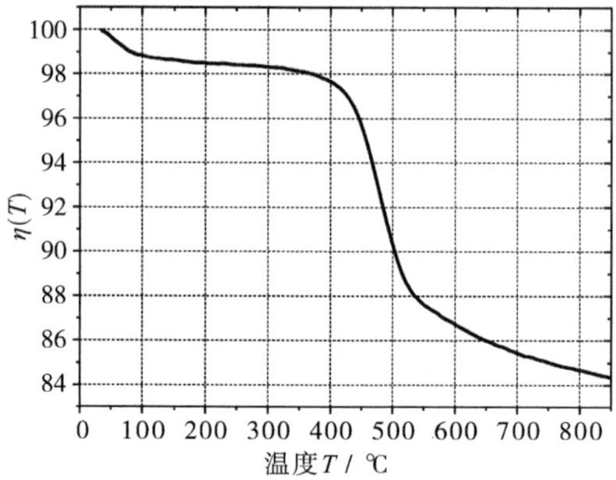

图 6-6　新疆巴里坤油页岩热重曲线

$$R_E = \frac{\text{油页岩油和可燃气体产物热能}}{\text{注入热能}} \tag{6-15}$$

其中,油页岩油和气体产物的热能 E_p 按照 40 MJ/kg 计算,注入地层的热能暂不考虑地表水蒸气锅炉以及输热管线的热能损耗,只计算从注热管的花管位置进入油页岩矿层中的高温水蒸气所携带的热能。进一步地,能量回报率计算公式可以用下式表示:

$$R_E = \frac{E_p \rho_s \iiint_\Omega [1-\eta(T)] d\Omega}{\int_0^t Q_g \rho_1(T) c_1(T) dt} \tag{6-16}$$

式中,Q_g 为注热井的水蒸气流量,m^3/s;$\rho_1(T)$ 为温度为 T 时的高温流体密度,kg/m^2;$c_1(T)$ 为温度为 T 时的高温水蒸气比热容,J/(kg·℃)。

6.3　数值模拟结果分析和讨论

6.3.1　原位注水蒸气开采油页岩过程中储层温度场的分布和变化规律

原位注水蒸气开采油页岩的过程中,温度的时空分布特征直接影响到油页岩矿层的渗透率、油收率和能量回报率等关键参数和工艺技术指标。表 6-3 展示了不同注热时间不同模型的油页岩矿层温度场分布情况。从表 6-3 可知,在加热初期,由于油页岩矿层的渗透率极低,只在注热井附近形成了一个柱状的高温区域。同时，高温水蒸气沿着水力压裂形成的初始裂隙通道进入油页岩矿层内部并流向抽采井，在裂隙的位置形成了扁平状的高温区域。在加热至一个月时，模型1与模型2的温度场分布是一致的，同样地，模型3和模型4的温度场分布也基本一致。这是因为在加热初期，高温水蒸气只能通过初始压裂裂隙流向抽采井。加热初期压裂裂隙两侧围岩的温度还比较低，不足以让油页岩矿层中的弱面开裂形成连通注热井和抽采井的水蒸气流动通道。随着加热时间的增加，不同模型的油页岩矿层温度场分布开始出现明显差异。模型1与模型3不考虑矿层弱面演化的影响，因此随着加热时间的增加，油页岩矿层的高温区域演变特征表现为注热井中水蒸气注入段周围环状高温区域持续沿油页岩层理方向扩展，压裂裂隙位置的围岩通过传导加热持续升温，但是高温区域扩展距离较小。这是由于油页岩的导热系数较低，属于热的不良导体，单独依靠热传导无法实现大范围的高效加热。对比模型1和模型3可知，即使不考虑油页岩矿层中弱面的影响，增加矿层中的压裂裂隙数量也可以提高加热效率。

表6-3　不同模型不同加热时间的温度场分布

时间	模型1	模型2	模型3	模型4	图例
30 d	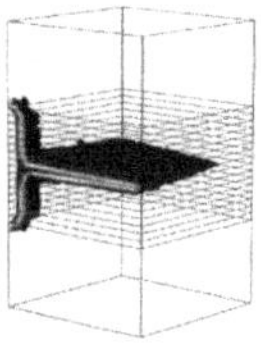	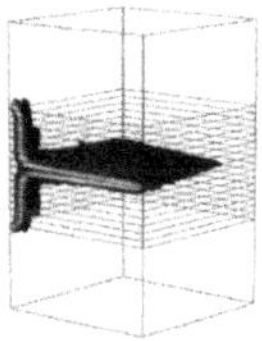	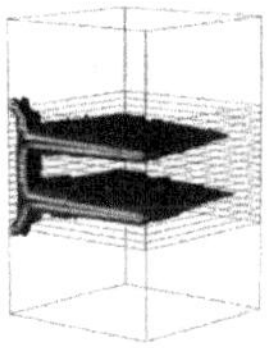	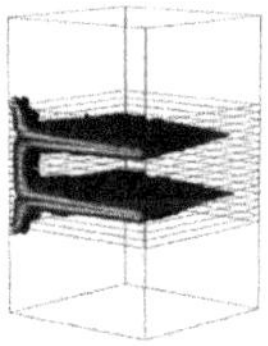	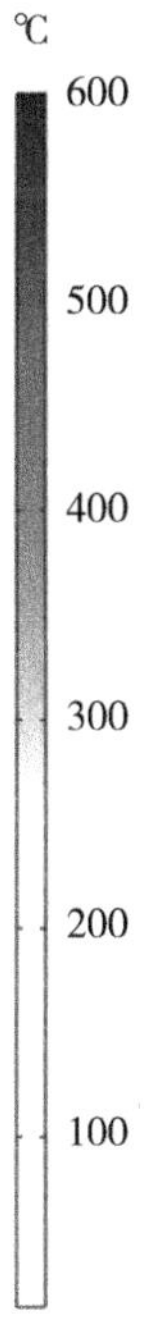
365 d	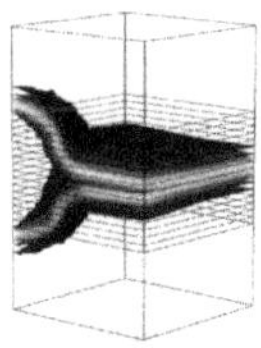	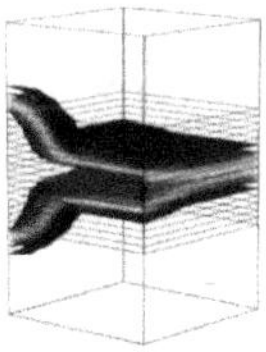	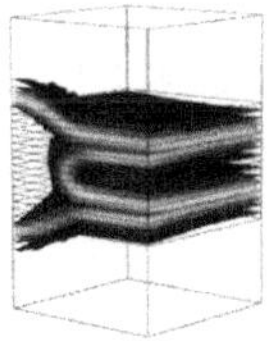	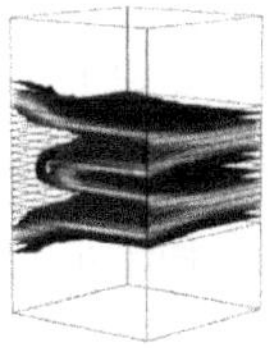	
730 d	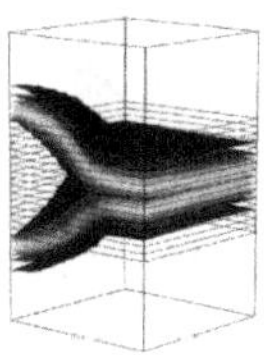	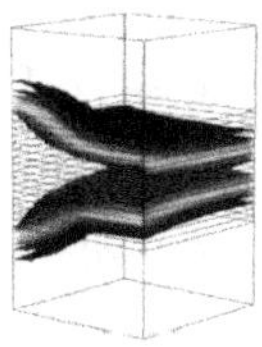	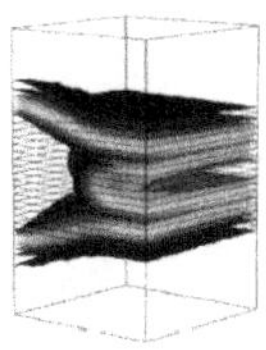	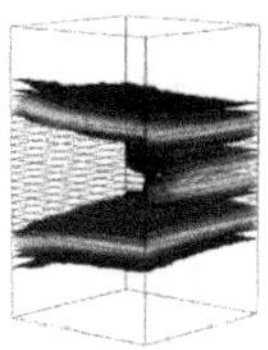	
1 000 d	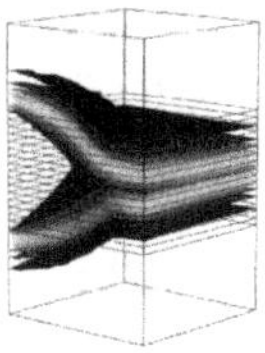	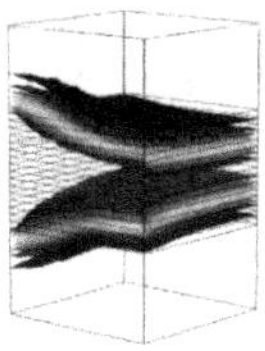	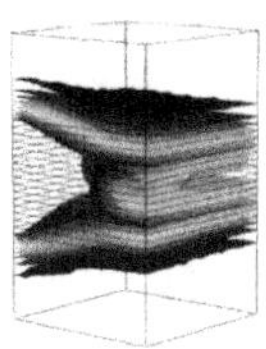	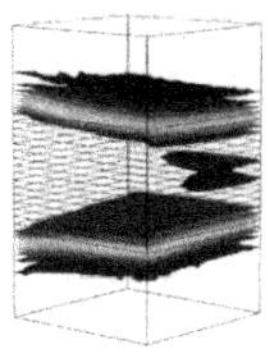	

模型 2 和模型 4 考虑了油页岩矿层中弱面演化为贯通裂隙对水蒸气流动的影响，因此表现出与模型 1 和模型 3 截然不同的温度场分布特征。在考虑油页岩矿层中弱面演化为贯通裂隙对水蒸气流动的影响前提下，高温水蒸气在流经水力压裂形成的初始裂隙通道的同时，裂隙两侧的围岩也被加热。裂隙两侧的围岩温度逐渐升高，当温度达到油页岩热破裂的温度时(350 ℃以上)，裂隙两侧的围岩率先在弱面的位置发生破裂，形成沿层理方向分布的裂隙。当新产生的裂隙完全连通了注热井和抽采井时，高温水蒸气又会沿着新产生的裂隙进入油页岩矿层。此时，新生裂隙位置的油页岩就从传导加热的方式转变为水蒸气对流加热。水蒸气对流加热的速度明显快于传导加热，因此，新生贯通裂隙位置的油页岩温度快速上升。通过这种方式，扁平状的高温区域就会沿垂直层理的方向扩展。上述对流-传导的复合加热过程在油页岩矿层中交替出现，使得油页岩矿层被快速加热。对比模型 2 和模型 4 可知，压裂裂隙越多，矿层加热的速度越快。

Wang 等[19]提出在油页岩矿层中通过压裂构造两个厚度为 0.5 m 的压裂带作为高温水蒸气的初始通道。这两条压裂带拥有较高的渗透率，高温水蒸气进入这两条压裂带后在该区域形成高温场，并通过热传导的方式加热压裂带上、下两侧围岩。同时，水蒸气加热下油页岩矿层温度升高，非压裂区域的渗透率增高，水蒸气进入非压裂区域后进一步提高了油页岩矿层的温度。因此，通过构造压裂带也能实现对油页岩矿层的有效加热。但是，通过水力压裂等方式难以构造出具有一定厚度的压裂带。与王国营等提出的模型不同，本书提出的模型 3 和模型 4 都拥有两条裂隙而非压裂带，这更符合工程实际。而且，在考虑矿层弱面演化为裂隙的条件下(模型 4)，能够实现与王国营等提出的模型相当的加热速度和油收率。

图 6-7 展示的是距离注热井 60 m 处抽采井内不同加热时间油页岩矿层的温度分布情况。从图 6-7 可知，在相同的布井方式、注热温度和气体压力条件下，不同模型得到的加热效果截然不同。模型 1 仅含一条压裂裂隙，且假设矿层不存在能够受热演化为贯通注热井和抽采井的裂隙的弱面。从图 6-7(a)可知，在抽采井中(距离注热井 60 m 的抽采井)，即使加热到 910 d 时，也仅在压裂裂隙的位置达到了 600 ℃的高温。压裂裂隙两侧的围岩由近到远温度迅速衰减，并在距离压裂裂隙 10 m 的位置衰减到了 100 ℃以下。模型 2 则考虑了弱面演化为贯通裂隙对高温水蒸气流动的影响。由图 6-7(b)可知，当油页岩矿层中有能够受热演化为裂隙通道的弱面存在时，即使初期只有一条压裂裂隙

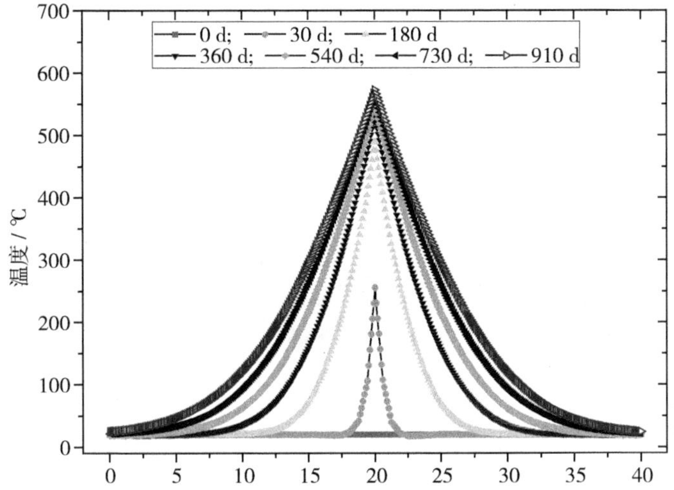

（a）模型1

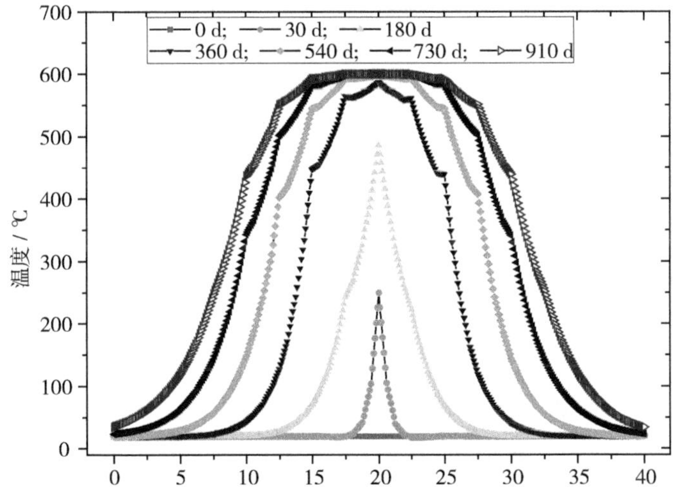

（b）模型2

图 6－7　不同加热时间抽采井内油页岩矿层的温度分布

通道也能将相当大的范围的油页岩矿层加热至油页岩完全热解的状态。当注热至 910 d 时，距离注热井 60 m 处的抽采井中以压裂裂隙为中心形成了长 16 m 的温度高于 500 ℃的高温带。模型 3 未考虑弱面演化的影响，但是比模型 1 多一条压裂裂隙。对比图 6－7(a)和图 6－7(c)可以发现，增加一条压裂裂隙显著地扩大了加热范围。在加热初期，高温水蒸气分别进入两条压裂裂隙中

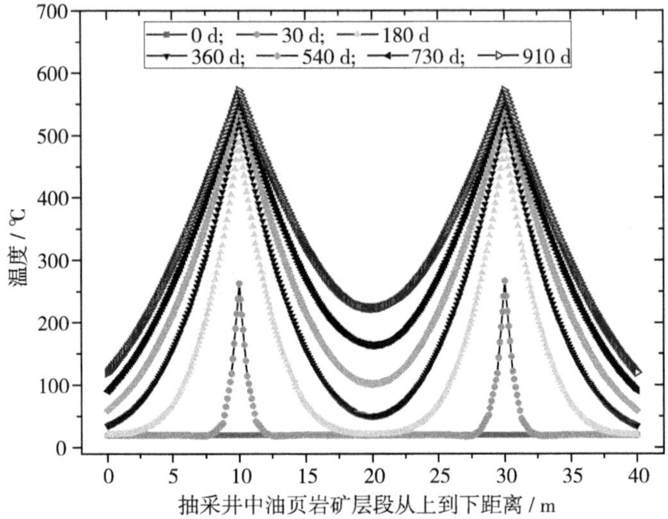

（c）模型3

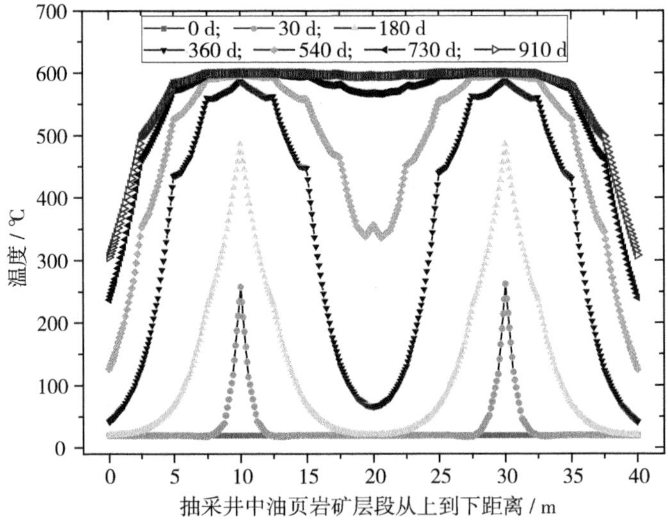

（d）模型4

图 6－7 （续）

对裂隙两侧围岩进行加热。随着加热时间的增加，两条压裂裂隙中间的油页岩矿层逐渐被加热至较高的温度。当注热至 910 d 时，距离注热井 60 m 处的抽采井中两条压裂裂隙的中部温度都达到了 222 ℃。模型 4 在拥有两条压裂裂隙的前提下还考虑了矿层中的弱面演化为贯通裂隙对水蒸气流动的影响。从图 6－7(d)中可知，在加热初期，由于水蒸气只能从压裂裂隙的位置流向抽采井，因此只在压裂裂隙及其上、下两侧围岩的位置出现较高的温度。在注热 30 d 时，抽采井中压裂裂隙位置的温度仅有 258 ℃。当加热到 180 d 时，可以看到高温区域在以压裂裂隙为中心向油页岩矿层的上、下扩展，并且在加热至 730 d 时抽采井中两条压裂裂隙中间的油页岩矿层温度趋于一致并接近 600 ℃。

值得注意的是，无论是加热初期还是在加热中后期，压裂裂隙外侧 500 ℃ 的高温区域到 100 ℃以下的低温区域的过渡段的距离都在 20 m 以内。这是因为油页岩的渗透率对温度十分敏感，平行层理方向高温段的渗透率比低温段的渗透率高三到四个数量级。高温区域的渗透率高，水蒸气比较容易进入该区域，从而进一步提高了高温区域的温度。对于低温区域而言，水蒸气难以进入该区域。低温区域完全依靠热传导来加热，而油页岩本身的导热系数较低，属于热的不良导体，难以通过传导加热提高低温区域的温度。这种较窄的高低温过渡带形成了天然的“隔热带”[137]，阻挡了热量的损失，降低了无效加热的矿层体积，从而提高了加热效率和能量回报率。当然，低温区域通过传导加热使温度缓慢上升到足以使该区域内发生热破裂形成水蒸气流动通道后，高温水蒸气在气体压力的驱动下会进入这些低温区域，并将该区域迅速加热。通过这种方式就实现了低温区域向高温区域的转变。

6.3.2　油页岩油气产量和油收率随加热时间的变化规律

油页岩油气产量和油收率是原位注热开采油页岩的重要工艺参数。图 6－8 展示了不同模型的油气累计产量和日产量随注热时间的变化曲线。从图 6－8 可知，在布井方式、井间距、注热温度和水蒸气压力相同的情况下，不同模型的油气产量随时间的变化情况表现出截然不同的特征。模型 1 仅含一条压裂裂隙，且不考虑矿层中弱面在温度作用下演化为贯通裂隙对水蒸气流动的影响。从图 6－8(a)可知，在加热初期，模型 1 的日产量能够达到 36.92 t。这是因为在加热初期，高温水蒸气通过压裂裂隙进入油页岩矿层，迅速加热了压裂裂隙两侧的油页岩矿层。但是，随着加热时间的增加，日产量迅速下降，在 200 d 的时候日产量就下降至 18.95 t，加热至 500 d 以上时，日产量降为 14.6 t 以下。累计产量在前 100 d 达到了 3 053 t，前 500 d 达到了 10 054 t，加热 1 000 d 时的累计产量为 16 231 t，累计产量随时间增加的增速持续减小。造成这种现象的原因是在注热井周围，高温水蒸气加热使得靠近注热井的围岩渗透率增大，渗透率增大后水蒸气进入注热井周围的围岩中，进而形成环绕注热井的高温区域。同时，压裂裂隙上、下两侧的围岩被流经压裂裂隙的高温水蒸气

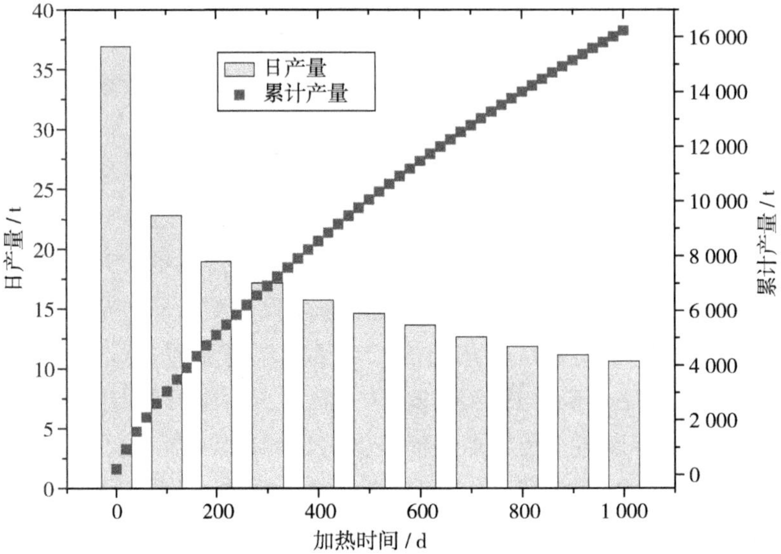

（a）模型1

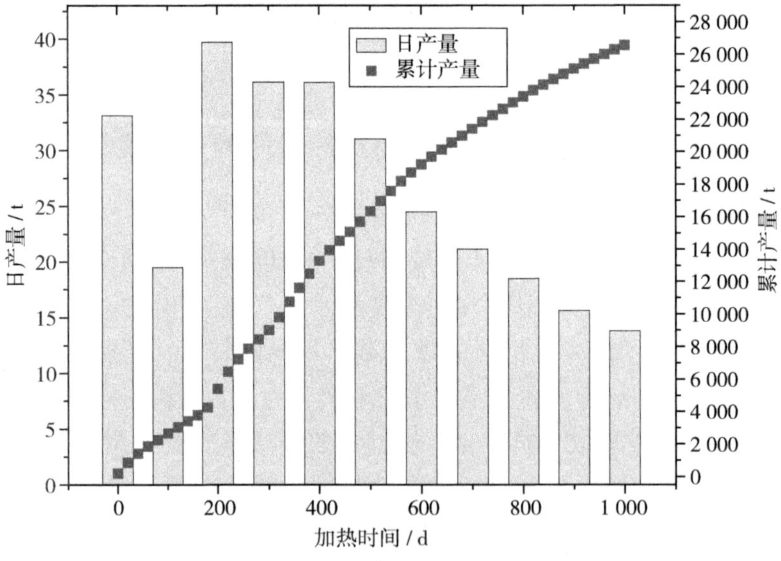

（b）模型2

图 6－8　油页岩油气产量随加热时间的变化

加热，形成一个高温带。但是，由于没有新的规模较大的水蒸气流动通道的形成，裂隙面两侧的围岩仅通过传导加热，加热范围有限。而且，压裂裂隙以外的油页岩矿层中没有水蒸气流动的有效通道，限制了注热井周围高温区域的扩

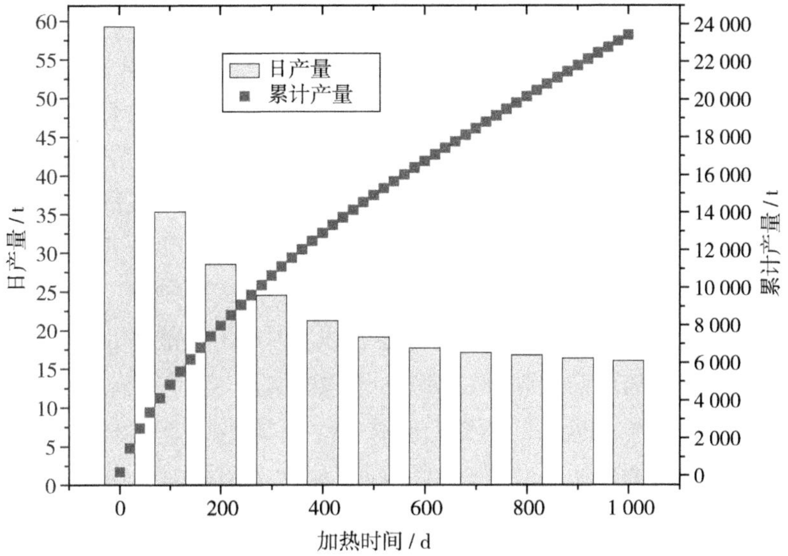

（c）模型3

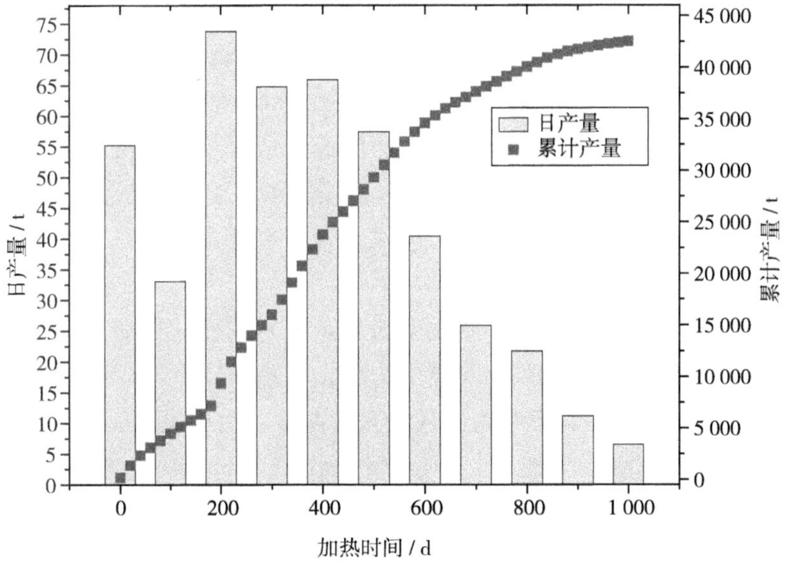

（d）模型4

图 6-8　（续）

展。模型 3 比模型 1 多一条压裂裂隙，因此这两个模型的油气日产量和累计产量随时间的变化趋势具有较高的相似性。但是，多一条压裂裂隙对产量的提升十分明显。模型 3 的日产量在加热初期能够达到 59.30 t，到 200 d 的时候日产量为 28.57 t，加热至 500 d 以上时，日产量降为 19.08 t 以下，加热 1 000 d 时的累计产量达到了 23 428 t。模型 3 无论是日产量还是累计产量均高于模型 1。

模型 2 和模型 4 考虑了矿层中弱面在温度作用下演化为贯通裂隙对水蒸气流动的影响，因此油气产量随加热时间的变化规律更为复杂。在加热初期，压裂裂隙的存在使得油气日产量一开始就达到较高的值。模型 2 和模型 4 在加热初期的日产量分别达到了 33.10 t 和 55.24 t，加热 100 d 时则降低到了 19.47 t 和 33.13 t。油气日产量在这一阶段下降的原因是初始压裂裂隙两侧油页岩的热解逐渐完成，而新的裂隙通道还在发育中，还不能为水蒸气提供有效的流动通道。在远离压裂裂隙和注热井的位置，油页岩矿层还在依靠热传导加热，升温缓慢，油气产出量还处于较低的状态。当加热到 200 d 时，压裂裂隙两侧围岩在传导加热的作用下缓慢达到弱面演化为贯通裂隙所需的温度(约 300～350 ℃)。当压裂裂隙两侧围岩中出现连通注热井和开采井的裂隙时，高温水蒸气在压力驱动下进入新的裂隙通道，使得新的贯通裂隙所在的油页岩被快速加热。这是油气日产量在 200 d 时增大的原因。随着加热时间的增加，上述过程在油页岩矿层中重复出现，油气日产量也在相当长的时间内保持了较高的水平，这对于工业开采来说意义重大。加热 600 d 后，油气日产量开始减小。这是由于加热 600 d 后注热井到抽采井之间已经形成厚度较大的高温区域，高温区域的渗透率远高于低温区域的渗透率。大量的高温水蒸气会从高渗透率的区域流向抽采井。即使在高温区域外侧又形成了新的裂隙通道，流经新裂隙通道的高温水蒸气流量也不会太大。

图 6-9 展示的是不同模型油收率随加热时间的变化曲线。从图 6-9 可知，加热时间在 200 d 以内时，不同模型的油收率差异较小，都不到 20%。当加热时间高于 200 d 后，油收率开始出现较大的差异。对于模型 1 而言，随着加热时间的增加，油收率缓慢增加，到 100 d 时油收率为 34.5%。模型 2 和模型 3 的油收率在任何时候差异都不大。模型 2 只含有一条压裂裂隙，但是考虑了矿层中弱面在温度作用下演化为贯通裂隙对水蒸气流动的影响，模型 3 则含有两条压裂裂隙，不考虑弱面的影响。模型 2 和模型 3 的油收率差异较小表明这两个模型加热后的热解区域的体积基本相同。对于模型 2，由于加热初期弱面还未破裂为贯通注热井和抽采井的裂隙，而模型 3 在加热初期就有两条压裂裂隙作为水蒸气的流动通道，使得模型 3 在加热前期油收率略高于模型 2。但是，加热 400 d 之后，模型 2 的油收率就高于模型 1。模型 1、模型 2 和模型 3 加热 1 000 d 时的油收率都不到 60%，这不利于对油页岩资源的充分利用。模型 4

在加热的前两年油收率都保持较大的增速，在加热到两年时间油收率达到了81.7%，加热1 000 d时达到了90.5%。模型4只比模型2多了一条压裂裂隙就能在油收率方面有巨大的提高，这表明在油页岩原位注热开采时，适当通过分段压裂的方式增加初始裂隙通道的数量可以有效提高油页岩油气产量和油收率。

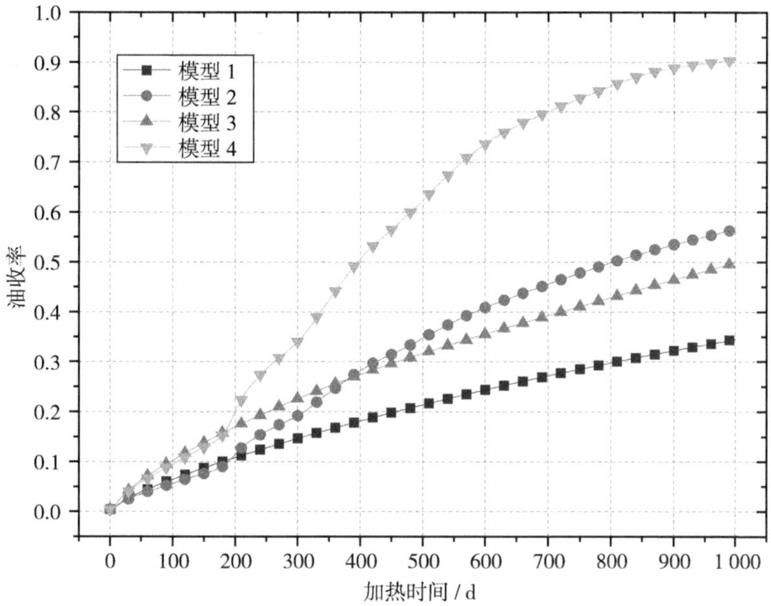

图 6-9 原位注水蒸气开采油页岩的油收率随加热时间的变化

6.3.3 油页岩原位注水蒸气开采的能量回报率随时间变化的规律

对于工业化开采油页岩而言，如果采用某种原位开采方法无法实现较好的经济效益，那么大规模的工业化应用就无从谈起。本书采用能量回报率指标来评价油页岩原位注水蒸气开采的经济效益。图6-10展示了四种模型下能量回报率随加热时间变化的曲线。从图6-10可以看出，采用水蒸气作为载热介质加热油页岩，在注热初期就能实现很高的能量回报率，而壳牌公司的电加热技术[178]需要预热相当长的时间才能出油。由此可见，采用水蒸气加热技术能够较早的实现经济效益。

从图6-10可知，不同模型的能量回报率随加热时间的变化规律差异较大。模型1和模型3均不考虑矿层中弱面在温度作用下演化为贯通裂隙对水蒸气流动的影响。模型 1 和模型 3 的能量回报率在加热初期就达到了各自的峰值,分别为 5.79%和 8.44%。随着加热时间的增加,模型 1 和模型 3 的能量回报率均在下降。这是因为加热初期油页岩矿层中的压裂裂隙为水蒸气的流动提供了通道,使得水蒸气能够在短时间内快速加热压裂裂隙附近的油页岩并产出油气。随着加热时间的增加,压裂裂隙附近的油页岩热解完成,而远离压裂裂隙的油页岩未形成大的水蒸气流动通道,仅依靠油页岩内部的热传导加热十分缓慢,油气产量降低,能量回报率持续降低。模型 3 比模型 1 多一条压裂裂隙,但模型 3 的能量回报率峰值仅是模型 1 的能量回报率峰值的 1.46 倍。这是因为在布井方式、注热温度和水蒸气压力相同的情况下,增加一条压裂裂隙同时会增大水蒸气的流量(图 6-11),这就增加了能量的投入,导致能量回报率没有因为增加一条压裂裂隙而显著提高。

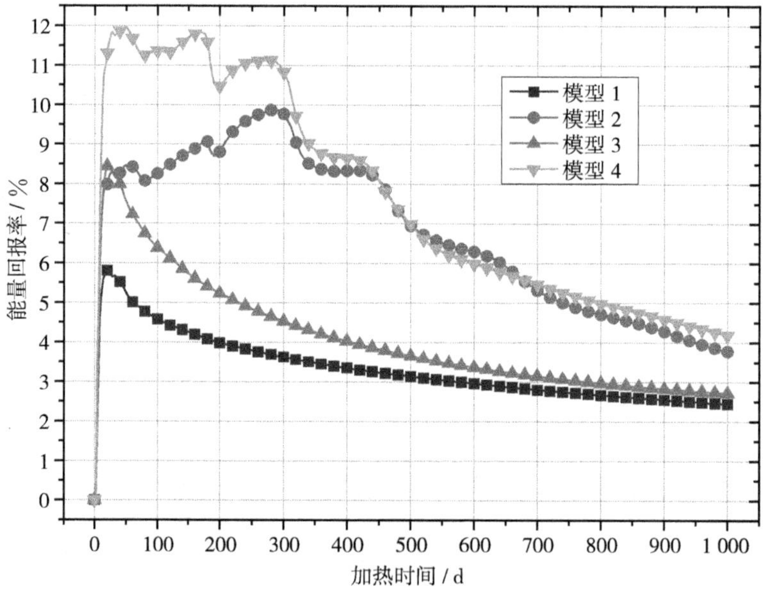

图 6-10 原位注水蒸气开采油页岩的能量回报率随加热时间变化的曲线

模型 2 和模型 4 都考虑了矿层中弱面在温度作用下演化为贯通裂隙对水蒸气流动的影响,唯一的区别是模型 2 仅含一条压裂裂隙,模型 4 有两条。模型 2 和模型 4 的能量回报率随加热时间变化的规律具有很高的相似性。在加热的前一年内,能量回报率随加热时间的变化不断发生波动。能量回报率出现波动的原因是油页岩矿层内形成了新的连通注热井和抽采井的裂隙通道后,高温水蒸气会在气体压力的驱动下迅速流入新的裂隙通道并在较短的时间内将新的裂隙通道两侧油页岩加热至热解温度。当新裂隙两侧的油页岩发生热解产出油气时，能量回报率就会出现短暂的增大。上述过程重复出现就导致了能量回报率的波动。当加热时间在一年以上时，模型 2 和模型 4 的能量回报率都开始下降且基本不再出现波动现象。

考虑到整个开采系统的建造以及运行维护成本，本书规定在能量回报率大于 5%的情况下开采是具有经济效益的。模型 1、模型 2、模型 3 和模型 4 分别在加热时间达到 60 d、740 d、228 d 和 794 d 时能量回报率低于 5%。模型 3 比模型 1 多一条压裂裂隙，能量回报率低于 5 的阈值时间就比模型 1 多了 168 d。由此可见，在不考虑矿层中弱面在温度作用下演化为贯通裂隙对水蒸气流动的影响时增加压裂裂隙数量可以有效延长矿层开采时间。模型 4 比模型 2 多一条压裂裂隙，但是模型 2 和模型 4 的能量回报率低于 5%的阈值时间基本一致。由此可见，油页岩矿层中存在能够受热演化为连通注热井和抽采井的裂隙时，压裂裂隙数量对能量回报率的影响就变得不再明显。但是，从图 6 - 9 可知，压裂裂隙数量对油收率的影响是十分显著的。

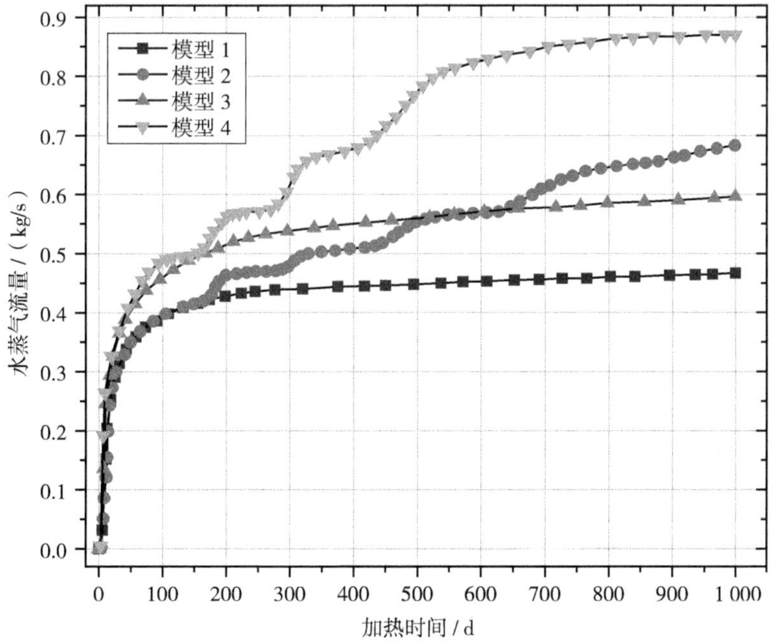

图 6 - 11　原位注水蒸气开采油页岩的水蒸气流量随加热时间变化的曲线

6.4 本章小结

本章基于各向异性油页岩 THM 耦合数学模型研究了原位注水蒸气开采油页岩油气过程中温度场的时空演变规律，同时分析了油页岩油气产量、油收率和能量回报率随注热时间的变化规律，总结如下：

① 原位注热开采油页岩的过程中，如果不考虑矿层中弱面在温度作用下演化为贯通裂隙对水蒸气流动的影响，油页岩矿层仅依靠压裂裂隙作为水蒸气流动的通道，且油页岩矿层中的高温区域仅分布在注热井周围以及压裂裂隙两侧，此时加热范围十分有限。当考虑矿层中弱面在温度作用下演化为贯通裂隙对水蒸气流动的影响后，高温水蒸气首先会通过压裂裂隙从注热井流向抽采井，并加热裂隙两侧围岩。裂隙两侧的围岩温度逐渐升高，当温度达到油页岩热破裂的温度时，裂隙两侧的围岩率先在弱面的位置发生破裂，形成沿层理方向分布的裂隙。当新产生的裂隙完全连通了注热井和抽采井时，高温水蒸气又会沿着新产生的裂隙进入油页岩矿层。此时，新生裂隙位置的油页岩就从传导加热转变为水蒸气对流加热。水蒸气对流加热的速度明显快于传导加热，因此，新生贯通裂隙位置的油页岩温度快速上升。通过这种方式，扁平状的高温区域就会沿垂直层理的方向扩展。上述对流-传导复合加热过程在油页岩矿层中交替出现，使得油页岩矿层被快速加热。

② 在不考虑矿层中弱面在温度作用下演化为贯通裂隙对水蒸气流动的影响时，无论矿层中含有一条还是两条压裂裂隙，注热 1 000 d 时矿层的油收率都低于 60%。并且，油气的日产量随加热时间的衰减速度非常快，模型 1 和模型 3 在加热初期的日产量分别为 36.92 t 和 59.30 t，加热到 200 d 就下降到 18.95 t 和 28.57 t。当考虑矿层中弱面在温度作用下演化为贯通裂隙对水蒸气流动的影响后，油收率有了显著的升高，其中，模型 4 在加热 1 000 d 时油收率达到了 90.5%。此外，油气日产量也能在较长的时间内保持了较高的水平。

③ 在不考虑矿层中弱面在温度作用下演化为贯通裂隙对水蒸气流动的影响时，能量回报率在加热初期就会达到峰值，随后呈指数下降，能量回报率总体处于较低水平。考虑矿层中弱面在温度作用下演化为贯通裂隙对水蒸气流动的影响时，在加热的前一年内，能量回报率随加热时间的变化不断发生波动并持续处于较高的水平(高于 5%)。当加热时间在一年以上时，能量回报率均开始下降且基本不再出现波动现象。

④ 即使不考虑油页岩受热发生热破裂形成新的裂隙通道的情况下，将压裂裂隙数量由一条增加到两条，油页岩的油气产量和油收率也有较大的提高，能量回报率峰值也增加到原来的 1.46 倍。因此在注热开始前适当通过压裂的方式增加连通注热井和抽采井的裂隙数量有助于高效快速地对油页岩矿层进行加热。

第 7 章 结论与展望

7.1 主要结论

为了揭示以过热水蒸气作为载热介质原位加热油页岩的高效对流加热机理，首先，本书研究了不同温度水蒸气加热后油页岩内部有机质、孔隙和裂隙的分布情况，并在排除了有机质聚集团干扰的前提下分析了不同温度水蒸气加热后油页岩内部孔隙、裂隙的连通特性。随后，本书针对油页岩孔隙、裂隙的演化规律，将考虑各向异性的裂隙引入座逾渗模型中，研究了考虑孔隙分布特征和裂隙各向异性的座逾渗规律，并结合真实的油页岩数字岩芯分析油页岩孔隙、裂隙各向异性的逾渗规律，为评价和预测油页岩的孔隙、裂隙连通性提供了理论依据。再后，利用自主研发的高温三轴渗透测试系统，对取自新疆巴里坤的含有天然单一裂隙（沿层理分布）的油页岩试件进行了不同温度水蒸气加热条件下的实时渗透率测试，同时结合 CT 扫描和热台显微成像技术研究了含裂隙油页岩的渗透率随水蒸气温度的演化机理。进一步地，利用水蒸气高效加热油页岩实验系统对尺寸为 300 mm×300 mm×300 mm 的油页岩包裹体进行水蒸气加热条件下的热解试验，揭示了水蒸气加热条件下油页岩对流-传导复合高效对流加热机理。最后，本书结合室内实验的研究结果，并参考前人的相关研究成果，将不同水蒸气温度加热下的油页岩孔隙连通特性对油页岩基质的渗透率影响规律、裂隙渗透率随温度的变化规律、水蒸气加热油页岩的温度传导规律和不同水蒸气温度加热后油页岩内部有机质分布规律等代入考虑油页岩各向异性特征的固流热（THM）耦合数学模型中，以新疆巴里坤油页岩赋存特征为模型背景，利用 Comsol Multiphysics 软件研究了不同预制裂隙条数和贯通裂隙演化模式下油页岩矿层温度场时空演变规律、油页岩油气回收率和能量回报率等关键经济和技术指标。主要结论如下：

① 油页岩在室温下致密完整，无明显裂隙。314 ℃水蒸气加热后，油页岩内部沿沉积层理面出现热破裂裂隙。随着水蒸气温度的进一步升高，油页岩内裂隙的数量明显增多，并出现大量沿层理方向贯穿整个油页岩样品的裂隙。在

被水蒸气加热到 511 ℃及以上后，有机质热解形成的孔隙与裂隙相互连通形成网状的孔隙-裂隙连通团。孔隙-裂隙连通团在垂直层理方向的扩展距离也不断随着水蒸气温度的升高而增大。555 ℃水蒸气加热后，油页岩内部孔隙和裂隙充分发育，孔隙、裂隙连通性较好。水蒸气加热条件下油页岩孔隙、裂隙的充分发育为水蒸气流动和热解产物的运移提供了良好的通道。

② 从孔隙层面上看，油页岩内部由于有机质热解形成的孔隙具有较强的非均质性，因此油页岩孔隙层面的逾渗阈值远远低于经典的座逾渗模型的逾渗阈值，这有利于水蒸气流动和热解产物的运移排出。从孔隙-裂隙双重介质层面上看，在平行层理方向上，由于裂隙的发育，油页岩在 314 ℃左右就发生了逾渗转变，此时的孔隙率低于 6%。但是，在垂直层理方向上，当孔隙率达到 14%以上才能形成连通的渗流通道。也就是说，油页岩垂直层理方向上的逾渗阈值在 14%以上。水蒸气加热下油页岩孔隙、裂隙的各向异性逾渗特征对原位注热开采油页岩工艺具有积极意义。一方面，油页岩平行层理方向的逾渗阈值小，发生逾渗转变的温度低。这表明在水蒸气加热下，油页岩内部容易形成沿层理分布的水蒸气流动通道，有利于水蒸气进入矿层对油页岩进行高效对流加热。另一方面，油页岩垂直层理方向的逾渗阈值大，发生逾渗转变的温度高。这表明水蒸气在油页岩矿层中难以跨层流动，有效地防止了水蒸气向目标矿层以外的区域流动并导致大量无效加热，这有利于油页岩原位注热开采的高效对流加热。

③ 过热水蒸气加热条件下，含裂隙油页岩渗透率从常温到 350 ℃呈下降趋势，从 10^{-15} m^2 量级下降到了 10^{-17} m^2 量级。当温度高于 350 ℃后，渗透率又快速上升，并在 500 ℃以上恢复到 10^{-15} m^2 量级。含裂隙油页岩的渗透率阈值温度点在 350 ℃附近。从常温到 300 ℃油页岩内部在压力和温度的作用下有部分微裂隙产生，微裂隙的长度和开度都较小，因此在这一温度段，油页岩试件仍然仅含有一条贯穿的裂隙，属于单裂隙渗流。这一温度段油页岩渗透率下降是由于裂隙开度减小造成的。从 300 ℃到 350 ℃，油页岩内部产生的微裂隙发生闭合，导致油页岩渗透率在 350 ℃达到最小值。当温度达到 400 ℃，油页岩内部闭合的裂隙又重新张开，出现了新的贯通裂隙，油页岩从单裂隙渗流转变为多裂隙渗流，渗透率快速增大。当温度达到 500 ℃以上，油页岩内部孔隙和裂隙充分发育，这是含裂隙油页岩渗透率重新增大到 10^{-15} m^2 量级的原因。

④ 利用高温水蒸气作为载热介质加热油页岩，高温水蒸气首先沿着预制裂隙流动并通过对流方式加热裂隙面两侧围岩，因此首先在裂隙面的位置形成高

温区域。远离裂隙面两侧的围岩依靠传导加热，温度逐渐上升。裂隙面两侧的油页岩在受热后发生热破裂，形成新的水蒸气渗流通道。水蒸气进入这些新的通道后将热能带入这些裂隙中，使得这些新生的贯通裂隙位置出现新的高温区域。高温区域不断向裂隙面两侧扩展，又会发生新的热破裂，重复上述的过程。因此利用高温水蒸气作为载热介质原位加热油页岩的过程是对流-传导复合高效对流加热过程。

⑤ 通过数值实验发现，原位注热开采油页岩的过程中，如果不考虑矿层中弱面在温度作用下演化为贯通裂隙对水蒸气流动的影响，油页岩矿层仅依靠压裂裂隙作为水蒸气流动的通道，油页岩矿层中的高温区域仅分布在注热井周围以及压裂裂隙两侧，加热范围十分有限。当考虑矿层中弱面在温度作用下演化为贯通裂隙对水蒸气流动的影响后，油页岩层内会出现对流-传导复合加热过程，使得油页岩矿层被高效加热。在加热的前一年内，能量回报率随加热时间的变化不断发生波动并持续处于较高的水平(高于 5)。当加热时间在一年以上，能量回报率开始下降且基本不再出现波动现象。在厚度为 40 m 的矿层中有两条压裂裂隙并考虑矿层中弱面在温度作用下演化为贯通裂隙对水蒸气流动的影响的情况下，加热到 794 d 时仍然有 5%的能量回报率，加热到 1 000 d 能实现 90%以上的油收率。即使不考虑油页岩受热发生热破裂形成新的裂隙通道的情况下，将压裂裂隙数量由一条增加到两条，油页岩的油气产量和油收率也有较大的提高，能量回报率峰值也增加到原来的 1.46 倍。因此在注热开始前适当通过压裂的方式增加连通注热井和抽采井的裂隙数量有助于高效快速地对油页岩矿层进行加热。

7.2 展望

本书从宏细观层面研究了以过热水蒸气为载热介质原位加热开采油页岩油气过程中油页岩矿层的温度场变化规律、渗透率变化规律以及细观孔隙、裂隙演化规律，初步揭示了以高温水蒸气作为载热介质原位加热油页岩的高效对流加热机理。过热水蒸气原位加热油页岩的过程中，水蒸气作为载热流体进入油页岩矿层中，通过对流加热的方式将热量传递给裂隙通道两侧的围岩，热量进入后又以传导的方式向外扩展，因此原位注水蒸气加热油页岩是一个对流-传导复合热过程，加热效率高，油气产量、油收率和能量回报率高。但是，以过热水蒸气为载热介质原位加热开采油页岩油气本身是一个复杂的多场耦合过程，本书的研究尚不足以完全回答这个复杂过程的诸多问题。今后将从以下几个方面完善相关的研究：

① 本书测得的油页岩裂隙渗透率是在同一个压力条件下得到的(轴压 5 MPa、围压 6 MPa)，其对于不同埋深的油页岩矿层渗透率演化规律的指导意义有限。今后可以针对不同埋深的油页岩矿层设计不同压力条件下的裂隙油页岩渗透率测试实验，以期得到具有广泛指导意义的渗透率数据。另外，本书只关注了沿层理方向存在裂隙的油页岩的渗透率，后续可以针对垂直层理方向裂隙渗透率随温度和压力的演化规律开展相关研究。

② 本书所涉及的所有微观实验都是在常压下进行的，得到的孔隙率和孔隙、裂隙分布特征与原位状态下存在差异，这也是不同水蒸气温度加热后油页岩预制裂隙开度变化规律与实时高温状态下油页岩裂隙渗透率变化规律不匹配的原因。今后应当设计相应的实验装置和实验方法，实现油页岩试件原位状态下的微观成像。

③ 本书对尺寸为 300 mm×300 mm×300 mm 的油页岩包裹体进行水蒸气加热条件下的热解试验仅在轴向施加了 5 MPa 的应力，周围是刚性约束，这与真实的地层压力存在差异。今后应当对该实验装置进行改造，使其能够完成真三轴应力条件下的水蒸气加热油页岩热解实验。

④ 注过热水蒸气原位加热油页岩矿层的过程中，在矿层温度低于 100 ℃时，水蒸气的渗流通道中会有冷凝水存在。此时，渗流通道中的流体流动属于复杂的气液二相流。后续应当针对该问题开展深入研究。

⑤ 本书在埋深、矿层厚度、井间距和注入水蒸气温度压力等不变的条件下，通过数值模拟研究了不同预制裂隙条数和贯通裂隙演化模式下油页岩矿层温度场时空演变规律、油页岩油气产量、回收率和能量回报率等关键经济和技术指标。事实上，上述任意条件的改变都会影响油页岩油气回收率、能量回报率和开采周期等指标。另外，油页岩本身的含油率也会直接影响油气产量、回收率和能量回报率等指标。在今后的研究工作中应当针对不同埋深、矿层厚度、矿层含油率、井间距和注入水蒸气温度压力等参数进行相关数值研究。

参 考 文 献

[1] 刘青，王红，张成龙．中国终端能源消费量现状分析与“十四五”展望[J]．当代石油石化，2020，28(12)：15－20.

[2] 中国能源中长期发展战略研究项目组．中国能源中长期（2030、2050）发展战略研究：综合卷[M]．北京：科学出版社，2011.

[3] 孙超，姜琳，袁广玉．“十四五”期间我国煤炭供需趋势分析[J]．煤炭工程，2021，53(5)：193－196.

[4] FENG L Y，LI J C，PANG X Q．China's oil reserve forecast and analysis based on peak oil models[J]．Energy policy，2008，36(11)：4149－4153.

[5] 赵文智，胡素云，侯连华，等．中国陆相页岩油类型、资源潜力及与致密油的边界[J]．石油勘探与开发，2020，47(1)：1－10.

[6] 钱家麟，王剑秋，李术元．世界油页岩综述[J]．中国能源，2006，28(8)：16－19.

[7] SUN Y H，KANG S J，WANG S Y，et al．Subcritical water extraction of huadian oil shale at 300 ℃[J]．Energy and fuels，2019，33(3)：2106－2114.

[8] HE W T，SUN Y H，GUO W，et al．Controlling the in-situ conversion process of oil shale via geochemical methods：a case study on the Fuyu oil shale，China[J]．Fuel processing technology，2021，219:106876.

[9] CAMPBELL J H，GALLEGOS G，GREGG M．Gas evolution during oil shale pyrolysis．2．kinetic and stoichiometric analysis[J]．Fuel，1980，59(10):727－732.

[10] 闫澈，姜秀民．中国油页岩的能源利用研究[J]．中国能源，2000(9)：21－25.

[11] 刘招君，董清水，叶松青，等 中国油页岩资源现状[J]．吉林大学学报（地球科学版），2006，36(6)：869－876.

[12] MENSINGER M C，BUDIMAN J S．Physical and thermal proper-

ties and leaching characteristics of a hydroretorted beneficiated eastern US oil shale in different processing stages[J]. Fuel, 1995, 74(9): 1291 - 1296.

[13] ESEME E, URAI J L, KROOSS B M, et al. Review of mechanical properties of oil shales: implications for exploitation and basin modelling[J]. Oil shale, 2007, 24(2): 159 - 174.

[14] 李亮,金容,刘琛,等. 抚顺西露天矿油页岩干馏废渣的浸淋特性分析[J]. 环境工程, 2021, 39(3): 183 - 188.

[15] 杨宇,陈晔,邓渝川,等. 油页岩干馏残渣流化床燃烧过程中污染物排放控制特性[J]. 石油学报(石油加工), 2021,37(4): 1 - 10.

[16] 许辉,张霜,荣青山. 油页岩干馏工艺热载体特性研究[J]. 炼油与化工, 2021, 32(1): 10 - 14.

[17] 孙友宏,郭威,邓孙华. 油页岩地下原位转化与钻采技术现状及发展趋势[J]. 钻探工程, 2021, 48(1): 57 - 67.

[18] KANG Z Q, ZHAO Y S, YANG D. Review of oil shale in-situ conversion technology[J]. Applied energy, 2020,269:115121.

[19] WANG G Y, YANG D, KANG Z Q, et al. Numerical investigation of the in situ oil shale pyrolysis process by superheated steam considering the anisotropy of the thermal, hydraulic, and mechanical characteristics of oil shale[J]. Energy and fuels, 2019, 33(12): 12236 - 12250.

[20] RYAN R C, FOWLER T D, BEER G L, et al. Shell's in situ conversion process-from laboratory to field pilots[C]// OGUNSOLA O I, HARTSTEIN A M, OGUNSOLA O. Oil shale: a solution to the liquid fuel dilemma. Washington, DC: ACS publications, 2010, 1032: 101 - 183.

[21] LEE S, SPEIGHT J G, LOYALKA S K. Handbook of alternative fuel technologies[M]. Boca Raton:CRC press, 2014.

[22] BURWELL E L, STERNER T E, CARPENTER H C. Shale oil recovery by in-situ retorting-a pilot study[J]. Journal of petroleum technology, 1970, 22(12): 1520 - 1524.

[23] 郭旭升,李王鹏,申宝剑,等. 中国石化探区和邻区油页岩原位开采选区评价[J]. 油气藏评价与开发, 2025, 15(1): 1 - 10.

[24] FOWLER T D, VINEGAR H J. Oil shale ICP-Colorado field pilots [C]// SPE Western Regional Meeting. [S. l.]: Society of Petroleum Engi-

neers, 2009: SPE-121164-MS.

[25] MEIJSSEN T, EMMEN J, FOWLER T. In-situ oil shale development in Jordan through ICP technology[C]// Abu Dhabi International Petroleum Exhibition and Conference, ADIPEC 2014: Challenges and Opportunities for the Next 30 Years. [S. l.]: Society of Petroleum Engineers, 2014: SPE-172135-MS.

[26] LOU X, WANG J, LIU H Q. Numerical simulation on in-situ modification of oil shale electric heating based on off-grid photovoltaic power supply[J]. Renewable energy, 2025, 242: 122511.

[27] 汪友平,王益维,孟祥龙,等. 美国油页岩原位开采技术与启示[J]. 石油钻采工艺, 2013, 35(6): 55-59.

[28] ALLIX P, BURNHAM A, FOWLER T, et al. Coaxing oil from shale[J]. Oilfield review, 2010, 22(4):4-15.

[29] 杨阳. 高压-工频电加热原位裂解油页岩理论与试验研究[D]. 长春: 吉林大学, 2014.

[30] BAI F, ZHAO J M, LIU Y M. An investigation into the characteristics and kinetics of oil shale oxy-fuel combustion by thermogravimetric analysis[J]. Oil shale, 2019, 36(1):1-18.

[31] 白文翔,孙友宏,郭威,等. 吉林农安油页岩地下原位裂解先导试验工程[J]. 探矿工程（岩土钻掘工程）, 2017, 44: 182-187.

[32] 白奉田. 局部化学法热解油页岩的理论与室内试验研究[D]. 长春:吉林大学, 2015.

[33] JABER J O, PROBERT S D. Non-isothermal thermogravimetry and decomposition kinetics of two Jordanian oil shales under different processing conditions[J]. Fuel processing technology, 2000, 63(1):57-70.

[34] CRAWFORD P M, KILLEN J C. New challenges and directions in oil shale development technologies[C]// OGUNSOLA O I, HARTSTEIN A M, OGUNSOLA O. Oil shale: a solution to the liquid fuel dilemma. Washington, DC: ACS publications, 2010, 1032: 21-60.

[35] 赵阳升,冯增朝,杨栋,等. 对流加热油页岩开采油气的方法: 200510012473.4[P]. 2010-05-05.

[36] WANG L, YANG D, KANG Z Q. Evolution of permeability and

mesostructure of oil shale exposed to high-temperature water vapor[J]. Fuel, 2020,290:119786.

[37] WANG L, ZHAO Y S, YANG D, et al. Effect of pyrolysis on oil shale using superheated steam: a case study on the Fushun oil shale, China [J]. Fuel, 2019, 253: 1490 - 1498.

[38] SAIF T, LIN Q Y, GAO Y, et al. 4D in situ synchrotron X-ray tomographic microscopy and laser-based heating study of oil shale pyrolysis[J]. Applied energy, 2019, 235: 1468 - 1475.

[39] RABBANI A, BAYCHEV T G, AYATOLLAHI S, et al. Evolution of pore-scale morphology of oil shale during pyrolysis: a quantitative analysis[J]. Transport in porous media, 2017, 119: 143 - 162.

[40] TIWARI P, DEO M, LIN C L, et al. Characterization of oil shale pore structure before and after pyrolysis by using X-ray micro CT[J]. Fuel, 2013, 107: 547 - 554.

[41] GENG Y D, LIANG W G, LIU J, et al. Evolution of pore and fracture structure of oil shale under high temperature and high pressure[J]. Energy and fuels, 2017, 31(10): 10404 - 10413.

[42] KANG Z Q, YANG D, ZHAO Y S, et al. Thermal cracking and corresponding permeability of Fushun oil shale [J]. Oil shale, 2011, 28(2): 273 - 283.

[43] WANG G Y, YANG D, ZHAO Y S, et al. Experimental investigation on anisotropic permeability and its relationship with anisotropic thermal cracking of oil shale under high temperature and triaxial stress[J]. Applied thermal engineering, 2019, 146: 718 - 725.

[44] SAIF T, LIN Q Y, BIJELJIC B, et al. Microstructural imaging and characterization of oil shale before and after pyrolysis[J]. Fuel, 2017, 197: 562 - 574.

[45] SAIF T, LIN Q Y, SINGH K, et al. Dynamic imaging of oil shale pyrolysis using synchrotron X-ray microtomography[J]. Geophysical research letters, 2016,43(13):6799 - 6807.

[46] LIN J J, CHEN H S, LIU L. Impact of polydispersity of particle shape and size on percolation threshold of 3D particulate media composed of

penetrable superellipsoids[J]. Powder technology, 2020,360:944 - 955.

[47] HUNT A G, SAHIMI M. Flow, transport, and reaction in porous media: percolation scaling, critical-path analysis, and effective medium approximation[J]. Reviews of geophysics, 2017,55(4):993 - 1078.

[48]HUNT A, EWING R. Percolation theory for flow in porous media [M]. Heidelberg: Springer, 2009.

[49] GHANBARIAN-ALAVIJEH B, HUNT A G. Unsaturated hydraulic conductivity in porous media: percolation theory[J]. Geoderma, 2012, 187/188:77 - 84.

[50] WANG K W, SUN J M, GUAN J T, et al. A percolation study of electrical properties of reservoir rocks[J]. Physica a: statistical mechanics and its applications, 2007,380:19 - 26.

[51] XU B L, SHAO D G, TAN X Z,et al. Evaluation of soil water percolation under different irrigation practices, antecedent moisture and groundwater depths in paddy fields[J]. Agricultural water management, 2017,192: 149 - 158.

[52] BENTZ D P. Influence of internal curing using lightweight aggregates on interfacial transition zone percolation and chloride ingress in mortars [J]. Cement and concrete composites, 2009,31(5):285 - 289.

[53] MASIHI M, GAGO P A, KING P R. Estimation of the effective permeability of heterogeneous porous media by using percolation concepts[J]. Transport in porous media, 2016,114:169 - 199.

[54] FOROUGHI S, MASIHI M, JAMSHIDI S, et al. Investigating the permeability - porosity relation of percolation-based porous media using the lattice boltzmann method[J]. Journal of porous media, 2017,20(10):899 - 919.

[55] GEREBEN O, PUSZTAI L. Cluster formation and percolation in ethanol-water mixtures[J]. Chemical physics, 2017,496:1 - 8.

[56] WU H P, WU X J, GE M Y, et al. Effect analysis of filler sizes on percolation threshold of isotropical conductive adhesives[J]. Composites science and technology, 2007,67(6):1116 - 1120.

[57] EBRAHIMI A N, WITTEL F K, ARAÚJO N A M, et al. Multiscale approach to invasion percolation of rock fracture networks[J]. Journal of

hydrology, 2014, 519: 353 - 363.

[58] DAVIS S, TRAPMAN P, LEIRS H, et al. The abundance threshold for plague as a critical percolation phenomenon[J]. Nature, 2008, 454:634 - 637.

[59] SHOKROLLAHZADEH BEHBAHANI S, MASIHI M, GHAZANFARI M H, et al. Effect of characteristic time on scaling of breakthrough time distribution for two-phase displacement in percolation porous media[J]. Transport in porous media, 2019, 130: 889 - 902.

[60] TAVAGH-MOHAMMADI B, MASIHI M, GANJEH-GHAZVINI M. Point-to-point connectivity prediction in porous media using percolation theory[J]. Physica a: statistical mechanics and its applications, 2016, 460: 304 - 313.

[61] GANJEH-GHAZVINI M, MASIHI M, GHAEDI M. Random walk-percolation-based modeling of two-phase flow in porous media: Breakthrough time and net to gross ratio estimation[J]. Physica a: statistical mechanics and its applications, 2014,406:214 - 221.

[62] COX S J, DAVA RPANAH A, ROSSEN W R. Interface shapes in microfluidic porous media:conditions allowing steady, simulaneous two-phase flow[J]. Transport in porous media, 2023,147:197 - 216.

[63] LIU J, REGENAUER-LIEB K. Application of percolation theory to microtomography of rocks[J]. Earth-science reviews, 2021, 214: 103519.

[64] 吕兆兴. 孔隙-裂隙双重介质逾渗理论及应用研究[D]. 太原:太原理工大学, 2008.

[65] NAKASHIMA Y, KAMIYA S. Mathematica programs for the analysis of three-dimensional pore connectivity and anisotropic tortuosity of porous rocks using X-ray computed tomography image data[J]. Journal of nuclear science and technology, 2007, 44(9):1233 - 1247.

[66] NAVARRE-SITCHLER A, STEEFEL C I, YANG L, et al. Evolution of porosity and diffusivity associated with chemical weathering of a basalt clast[J]. Journal of geophysical research: earth surface, 2009, 114:F02016.

[67] MEEKS K, PANTOYA M L, GREEN M, et al. Extending the excluded volume for percolation threshold estimates in polydisperse systems:

The binary disk system[J]. Applied mathematical modelling, 2017, 46: 116 - 125.

[68] HARUN Z, ONG T C, MATSUURA T, et al. Modelling of transport mechanisms and drying shrinkage for multilayer ceramic membrane structure[J]. Chemical engineering research and design, 2018,133:111 - 125.

[69] LIU L, WANG X C, CHEN H S, et al. Microstructure-based modelling of drying shrinkage and microcracking of cement paste at high relative humidity[J]. Construction and building materials, 2016,126:410 - 425.

[70] WEMHOFF A P. Thermal conductivity predictions of composites containing percolated networks of uniform cylindrical inclusions[J]. International journal of heat and mass transfer, 2013,62:255 - 262.

[71] CEKMER O, UM S, MENCH M M. Application of path-percolation theory and lattice-boltzmann method to investigate structure-property relationships in porous media[J]. International journal of heat and mass transfer, 2015, 86: 101 - 112.

[72] CEKMER O, UM S, MENCH M M. A combined path-percolation-lattice-boltzmann model applied to multiphase mass transfer in porous media [J]. International journal of heat and mass transfer, 2016, 93: 257 - 272.

[73] XU W X, JIA M K, GONG Z. Thermal conductivity and tortuosity of porous composites considering percolation of porous network: from spherical to polyhedral pores [J]. Composites science and technology, 2018, 167:134 - 140.

[74] LIN J J, CHEN H S. Effect of particle morphologies on the percolation of particulate porous media: a study of superballs[J]. Powder technology, 2018, 335: 388 - 400.

[75] RINTOUL M D, TORQUATO S. Precise determination of the critical threshold and exponents in a three-dimensional continuum percolation model [J]. Journal of physics a: mathematical and general, 1997, 30:L585 - L592.

[76] LARMIER C, DUMONTEIL E, MALVAGI F, et al. Finite-size effects and percolation properties of poisson geometries[J]. Physical review e, 2016,94:012130.

[77] LORENZ C D, ZIFF R M. Precise determination of the critical percolation threshold for the three-dimensional "Swiss cheese" model using a growth algorithm[J]. Journal of chemical physics, 2001, 114(8): 3659-3661.

[78] BERTEI A, CHOI H W, PHAROAH J G, et al. Percolating behavior of sintered random packings of spheres[J]. Powder technology, 2012, 231:44-53.

[79] XU W X, SU X L, JIAO Y. Continuum percolation of congruent overlapping spherocylinders[J]. Physical review e, 2016, 94(3): 032122.

[80] ZHANG C Y, JIAN X L, LU W. Structure and percolation of one-patch spherocylinders[J]. Soft matter, 2015,11:1362-1368.

[81] YONEZAWA F, SAKAMOTO S, HORI M. Percolation in two-dimensional lattices. I. a technique for the estimation of thresholds[J]. Physical review b, 1989,40(1):636-649.

[82] AZHARI F, BANTHIA N. A 3D percolation model for conductive fibrous composites: application in cement-based sensors[J]. Journal of materials science, 2015,50:5817-5821.

[83] YI Y B, SASTRY A M. Analytical approximation of the percolation threshold for overlapping ellipsoids of revolution[J]. Proceedings of the royal society a: mathematical, physical and engineering sciences, 2004, 460(2048): 2353-2380.

[84] TORQUATO S, JIAO Y. Effect of dimensionality on the percolation threshold of overlapping nonspherical hyperparticles[J]. Physical review e,2013,87(2):022111.

[85] DEHGHANPOOR ABYANEH S, WONG H S, BUENFELD N R. Modelling the diffusivity of mortar and concrete using a three-dimensional mesostructure with several aggregate shapes[J]. Computational materials science, 2013,78:63-73.

[86] LIU Q F, FENG G L, XIA J, et al. Ionic transport features in concrete composites containing various shaped aggregates: a numerical study[J]. Composite structures, 2018,183:371-380.

[87] SADEGHNEJAD S, MASIHI M, KING P R. Dependency of

percolation critical exponents on the exponent of power law size distribution [J]. Physica a: statistical mechanics and its applications, 2013,392(24): 6189 - 6197.

[88] ZHAO Y S, YANG D, LIU Z H, et al. Problems of evolving porous media and dissolved glauberite micro-scopic analysis by micro-computed tomography: evolving porous media (1) [J]. Transport in porous media, 2015, 107: 365 - 385.

[89] STAUFFER D, AHARONY A. Introduction to percolation theory [M]. Lodon:Taylor and Francis Group,2018.

[90] QIAO J C, ZENG J H, JIANG S, et al. Role of pore structure in the percolation and storage capacities of deeply buried sandstone reservoirs: a case study of the Junggar Basin, China[J]. Marine and petroleum geology, 2020,113:104129.

[91] WANG L, HE Y M, PENG X, et al. Pore structure characteristics of an ultradeep carbonate gas reservoir and their effects on gas storage and percolation capacities in the Deng IV member, Gaoshiti-Moxi Area, Sichuan Basin, SW China[J]. Marine and petroleum geology, 2020,111:44 - 65.

[92] JARVIS N, LARSBO M, KOESTEL J. Connectivity and percolation of structural pore networks in a cultivated silt loam soil quantified by X-ray tomography[J]. Geoderma, 2017, 287: 71 - 79.

[93] BOUTCHKO R, RAYZ V L, VANDEHEY N T, et al. Imaging and modeling of flow in porous media using clinical nuclear emission tomography systems and computational fluid dynamics[J]. Journal of applied geophysics, 2012,76:74 - 81.

[94] EVANS J W. Random and cooperative sequential adsorption[J]. Reviews of modern physics, 1993,65(4):1281 - 1330.

[95] CORNETTE V, RAMIREZ-PASTOR A J, NIETO F. Percolation of polyatomic species on a square lattice[J]. European physical journal b, 2003:36:391 - 399.

[96] GARCIA G D, SANCHEZ-VARRETTI F O, CENTRES P M, et al. Percolation of polyatomic species on a simple cubic lattice[J]. European physical journal b, 2013,86:403.

[97] GARCÍA G D, SANCHEZ-VARRETTI F O, CENTRES P M, et al. Random sequential adsorption of straight rigid rods on a simple cubic lattice [J]. Physica a: statistical mechanics and its applications, 2015, 436:558 - 564.

[98] CENTRES P M, RAMIREZ-PASTOR A J. Percolation and jamming in random sequential adsorption of linear k-mers on square lattices with the presence of impurities[J]. Journal of statistical mechanics: theory and experiment, 2015:P10011.

[99] PASINETTI P M, CENTRES P M, RAMIREZ-PASTOR A J. Jamming and percolation of k^2-mers on simple cubic lattices[J]. Journal of statistical mechanics: theory and experiment, 2019,2019:103204.

[100] BUCHINI LABAYEN A C, CENTRES P M, PASINETTI P M, et al. Jamming and percolation of k^3-mers on simple cubic lattices[J]. Physical review e, 2019,100:022136.

[101] SLUTSKII M G, BARASH L Y, TARASEVICH Y Y. Percolation and jamming of random sequential adsorption samples of large linear k-mers on a square lattice[J]. Physical review e, 2018, 98:062130.

[102] LONČAREVIĆ I, BUDINSKI-PETKOVIĆ L, ŠĆEPANOVIĆ J R, et al. Random sequential adsorption of lattice animals on a three-dimensional cubic lattice[J]. Physical review e, 2020, 101:012119.

[103] 康志勤,王玮,赵阳升,等. 基于显微CT技术的不同温度下油页岩孔隙结构三维逾渗规律研究[J]. 岩石力学与工程学报, 2014, 33(9):1837 - 1842.

[104] KIBODEAUX K R, SHELL INTERNATIONAL EXPLORATION & PRODUCTION CO. Evolution of porosity, permeability, and fluid saturations during thermal conversion of oil shale[C]// SPE Annual Technical Conference and Exhibition. [S. l.]: Society of Petroleum Engineers, 2014: SPE - 170733 - MS.

[105] 王磊,杨栋,康志勤. 高温水蒸汽作用后油页岩渗透特性及各向异性演化的试验研究[J]. 岩石力学与工程学报, 2021,40(11):2286 - 2295.

[106] VERNIK L, NUR A. Ultrasonic velocity and anisotropy of hydrocarbon source rocks[J]. Geophysics, 1992, 57(5):727 - 735.

[107] VERNIK L, LANDIS C. Elastic anisotropy of source rocks: Implications for hydrocarbon generation and primary migration[J]. AAPG bulletin, 1996, 80(4):531－544.

[108] 王国营. 高温作用下油页岩热物理、渗流、力学特征各向异性演化规律及其应用[D]. 太原:太原理工大学, 2019.

[109] CHEN T Y, FENG X T, CUI G L, et al. Experimental study of permeability change of organic-rich gas shales under high effective stress[J]. Journal of natural gas science and engineering, 2019, 64:1－14.

[110] BURNHAM A K. Porosity and permeability of Green River oil shale and their changes during retorting[J]. Fuel, 2017, 203: 208－213.

[111] PAN Z J, MA Y, CONNELL L D, et al. Measuring anisotropic permeability using a cubic shale sample in a triaxial cell[J]. Journal of natural gas science and engineering, 2015, 26:336－344.

[112] BHANDARI A R, FLEMINGS P B, POLITO P J, et al. Anisotropy and stress dependence of permeability in the barnett Shale[J]. Transport in porous media, 2015, 108:393－411.

[113] GHANIZADEH A, GASPARIK M, AMANN-HILDENBRAND A, et al. Experimental study of fluid transport processes in the matrix system of the European organic-rich shales: I. scandinavian alum shale[J]. Marine and petroleum geology, 2014, 51:79－99.

[114] MA Y, PAN Z J, ZHONG N N, et al. Experimental study of anisotropic gas permeability and its relationship with fracture structure of Longmaxi Shales, Sichuan Basin, China[J]. Fuel, 2016, 180:106－115.

[115] 王国营,杨栋,康志勤. 高温三轴应力作用下油页岩的渗透特征各向异性演化规律实验研究[J]. 岩石力学与工程学报, 2020, 39(6): 1129－1141.

[116] 王磊,赵阳升,杨栋. 注水蒸汽原位热解油页岩细观特征研究[J]. 岩石力学与工程学报, 2020, 39(8): 1634－1647.

[117] KELLER L M, HOLZER L, WEPF R, et al. 3D geometry and topology of pore pathways in opalinus clay: implications for mass transport[J]. Applied clay science, 2011, 52(1/2):85－95.

[118] CHEN Y D, LIANG W G, LIAN H J, et al. Experimental study on the effect of fracture geometric characteristics on the permeability in de-

formable rough-walled fractures[J]. International journal of rock mechanics and mining sciences, 2017, 98: 121 - 140.

[119] SELVADURAI A P S. Normal stress-induced permeability hysteresis of a fracture in a granite cylinder[J]. Geofluids, 2015, 15: 37 - 47.

[120] 万菊英,许鹤华,舒卫兵. 二维裂隙密度及其渗透率的逾渗关系研究[J]. 渗流力学进展, 2013, 3(3): 35 - 41.

[121] BISDOM K, BERTOTTI G, NICK H M. The impact of in-situ stress and outcrop-based fracture geometry on hydraulic aperture and upscaled permeability in fractured reservoirs[J]. Tectonophysics, 2016, 690: 63 - 75.

[122] VAN STAPPEN J F, MEFTAH R, BOONE M A, et al. In situ triaxial testing to determine fracture permeability and aperture distribution for CO_2 sequestration in Svalbard, Norway[J]. Environmental science and technology, 2018, 52(8): 4546 - 4554.

[123] MI L D, JIANG H Q, LI J J, et al. The investigation of fracture aperture effect on shale gas transport using discrete fracture model[J]. Journal of natural gas science and engineering, 2014, 21: 631 - 635.

[124] BARTHÉLÉMY J F, GUITON M L E, DANIEL J M. Estimates of fracture density and uncertainties from well data[J]. International journal of rock mechanics and mining sciences, 2009, 46(3): 590 - 603.

[125] LIU R C, YU L Y, JIANG Y J. Fractal analysis of directional permeability of gas shale fracture networks: a numerical study[J]. Journal of natural gas science and engineering, 2016, 33: 1330 - 1341.

[126] LI Y S, LI X F, TENG S N, et al. Improved models to predict gas-water relative permeability in fractures and porous media[J]. Journal of natural gas science and engineering, 2014, 19: 190 - 201.

[127] BRIGGS S, KARNEY B W, SLEEP B E. Numerical modeling of the effects of roughness on flow and eddy formation in fractures[J]. Journal of rock mechanics and geotechnical engineering, 2017, 9(1): 105 - 115.

[128] ZHANG G Q, CHEN M. Complex fracture shapes in hydraulic fracturing with orientated perforations[J]. Petroleum exploration and development, 2009, 36(1): 103 - 107.

[129] GAO M Z, JIN W C, ZHANG R, et al. Fracture size estimation

using data from multiple boreholes[J]. International journal of rock mechanics and mining sciences, 2016, 86: 29 - 41.

[130] BAGHBANAN A, JING L. Stress effects on permeability in a fractured rock mass with correlated fracture length and aperture[J]. International journal of rock mechanics and mining sciences, 2008, 45(8): 1320 - 1334.

[131] YIN W T, ZHAO Y S, FENG Z J. Experimental research on the permeability of fractured-subsequently-filled granite under high temperature-high pressure and the application to HDR geothermal mining[J]. Renewable energy, 2020, 153:499 - 508.

[132] ZHAO Y S, FENG Z J, ZHAO Y, et al. Experimental investigation on thermal cracking, permeability under HTHP and application for geothermal mining of HDR[J]. Energy, 2017, 132: 305 - 314.

[133] WEI X, FENG Z J, ZHAO Y S. Numerical simulation of thermo-hydro-mechanical coupling effect in mining fault-mode hot dry rock geothermal energy[J]. Renewable energy, 2019, 139: 120 - 135.

[134] GAO Z, LI B B, LI J H, et al. Coal permeability related to matrix-fracture interaction at different temperatures and stresses[J]. Journal of petroleum science and engineering, 2021, 200:108428.

[135] SHU B, ZHU R J, TAN J Q, et al. Evolution of permeability in a single granite fracture at high temperature[J]. Fuel, 2019, 242:12 - 22.

[136] WANG G Y, YANG D, KANG Z Q, et al. Anisotropy in thermal recovery of oil shale-part 1: thermal conductivity, wave velocity and crack propagation[J]. Energies, 2018, 11(1):77.

[137] YANG D, ZHAO Y S, KANG Z Q. Numerical simulation of in situ exploitation of oil shale by injecting high-temperature steam[J]. Oil shale, 2019, 36(4):483 - 500.

[138] WANG G Y, YANG D, KANG Z Q, et al. Numerical Investigation of the in situ oil shale pyrolysis process by superheated steam considering the anisotropy of the thermal, hydraulic, and mechanical characteristics of oil shale[J]. Energy and fuels, 2019, 33(12): 12236 - 12250.

[139] KANG Z Q, ZHAO Y S, YANG D, et al. A pilot investigation of

pyrolysis from oil and gas extraction from oil shale by in-situ superheated steam injection[J]. Journal of petroleum science and engineering, 2020, 186:106785.

[140] CHEN Y D, ZHAO Z H. Heat transfer in a 3D rough rock fracture with heterogeneous apertures[J]. International journal of rock mechanics and mining sciences, 2020, 134:104445.

[141] YAO C, SHAO Y L, YANG J H, et al. Effects of non-darcy flow on heat-flow coupling process in complex fractured rock masses[J]. Journal of natural gas science and engineering, 2020, 83:103536.

[142] YAO C, SHAO Y L, YANG J H, et al. Effects of fracture density, roughness, and percolation of fracture network on heat-flow coupling in hot rock masses with embedded three-dimensional fracture network[J]. Geothermics, 2020, 87:101846.

[143] 康志勤. 油页岩热解特性及原位注热开采油气的模拟研究[D]. 太原:太原理工大学, 2008.

[144] 刘志军. 温度作用下油页岩孔隙结构及渗透特征演化规律研究[D]. 太原:太原理工大学, 2018.

[145] WANG G Y, LIU S W, YANG D, et al. Numerical study on the in-situ pyrolysis process of steeply dipping oil shale deposits by injecting superheated water steam: a case study on Jimsar oil shale in Xinjiang, China[J]. Energy, 2022, 239: 122182.

[146] 唐巨鹏,余泓浩,张昕,等. 油页岩原位注热开采储层有效热解区变化规律分析[J]. 计算力学学报, 2022,40(3):440－446.

[147] ZHU J Y, YI L P, YANG Z Z, et al. Numerical simulation on the in situ upgrading of oil shale reservoir under microwave heating[J]. Fuel, 2021, 287:119553.

[148] GUO W, ZHANG M, SUN Y H, et al. Numerical simulation and field test of grouting in Nong'an pilot project of in-situ conversion of oil shale [J]. Journal of petroleum science and engineering, 2020, 184:106477.

[149] GUO W, LI Q, DENG S S, et al. Mechanism and reservoir simulation study of the autothermic pyrolysis in-situ conversion process for oil shale recovery[J]. Petroleum science, 2023,20(2):1053－1067.

[150] ZHAO S, SUN Y H, LÜ X S, et al. Energy consumption and product release characteristics evaluation of oil shale non-isothermal pyrolysis based on TG-DSC[J]. Journal of petroleum science and engineering, 2020, 187:106812.

[151] GONZÁLEZ-GARCÍA R, MONJE F. The reliability of cone-beam computed tomography to assess bone density at dental implant recipient sites: A histomorphometric analysis by micro-CT[J]. Clinical oral implants research, 2013:24:871-879.

[152] SU X G, DU X J, YUAN H H, et al. Research of the thermal stability of structure of resin anchoring material based on 3D CT[J]. International journal of adhesion and adhesives, 2016,68:161-168.

[153] ZHAO J, YANG D, KANG Z Q, et al. A micro-CT study of changes in the internal structure of Daqing and Yan'an oil shales at high temperatures[J]. Oil shale, 2012, 29(4): 357-367.

[154] OTSU N. A threshold selection method from gray-level histograms[J]. IEEE transactions on systems, man and cybernetics, 1979,9(1): 62-66.

[155] RABBANI A, JAMSHIDI S, SALEHI S. An automated simple algorithm for realistic pore network extraction from micro-tomography images [J]. Journal of petroleum science and engineering, 2014:164-171.

[156] GORAL J, ANDREW M, OLSON T, et al. Correlative core-to pore-scale imaging of shales[J]. Marine and petroleum geology, 2020,111: 886-904.

[157] WU J G, YUAN Y, NIU S Y, et al. Multiscale characterization of pore structure and connectivity of Wufeng-Longmaxi shale in Sichuan Basin, China[J]. Marine and petroleum geology, 2020,120:104514.

[158] KALLIKRAGAS D T, SVISHCHEV I M. Percolation transitions of physically and hydrogen bonded clusters in supercritical water[J]. Journal of molecular liquids, 2019,290:111213.

[159] WIERMAN J C. Pairs of graphs with site and bond percolation critical probabilities in opposite orders[J]. Discrete applied mathematics, 2003,129(2/3):545-548.

[160] TARASEVICH Y Y, LEBOVKA N I, LAPTEV V V. Percolation of linear k-mers on a square lattice: from isotropic through partially ordered to completely aligned states[J]. Physical review e, 2012,86(6):061116.

[161] ACHARYYA M, STAUFFER D. Effects of boundary conditions on the critical spanning probability[J]. International journal of modern physics c, 1998,9(4):643－647.

[162] GONZÁLEZ M I, CENTRES P, LEBRECHT W, et al. Site-bond percolation on triangular lattices: Monte Carlo simulation and analytical approach[J]. Physica a: statistical mechanics and its applications, 2013, 392(24): 6330－6340.

[163] STEVENS D R, SKAU E W, DOWNEN L N, et al. Finite-size effects in nanocomposite thin films and fibers[J]. Physical review e, 2011, 84(2): 021126.

[164] NEWMAN M E J, ZIFF R M. Fast Monte Carlo algorithm for site or bond percolation[J]. Physical review e, 2001, 64(1): 016706.

[165] KURZAWSKI Ł, MALARZ K. Simple cubic random-site percolation thresholds for complex neighbourhoods[J]. Reports on mathematical physics, 2012, 70(2): 163－169.

[166] KANG Z Q, ZHAO J, YANG D, et al. Study of the evolution of micron-scale pore structure in oil shale at different temperatures[J]. Oil shale, 2017, 34(1): 42－54.

[167] WILSON K G. The renormalization group: critical phenomena and the kondo problem[J]. American physical society, 1975,47(4):773－840.

[168] BARTON N. Review of a new shear-strength criterion for rock joints[J]. Engineering geology, 1973,7(4):287－332.

[169] BARTON N, CHOUBEY V. The shear strength of rock joints in theory and practice[J]. Rock mechanics felsmechanik mécanique des roches, 1977, 10:1－54.

[170] LI Y R, ZHANG Y B. Quantitative estimation of joint roughness coefficient using statistical parameters[J]. International journal of rock mechanics and mining sciences, 2015, 77:27－35.

[171] TATONE B S A, GRASSELLI G. An investigation of discontinui-

ty roughness scale dependency using high-resolution surface measurements [J]. Rock mechanics and rock engineering, 2013, 46:657－681.

[172] YU X B, VAYSSADE B. Joint profiles and their roughness parameters[J]. International journal of rock mechanics and mining sciences and geomechanics abstracts, 1991, 28(4):333－336.

[173] TSE R, CRUDEN D M. Estimating joint roughness coefficients [J]. International journal of rock mechanics and mining sciences and geomechanics abstracts, 1979, 16(5):303－307.

[174] WANG G Y, YANG D, LIU S W, et al. Experimental study on the anisotropic mechanical properties of oil shales under real-time high-temperature conditions [J]. Rock mechanics and rock engineering, 2021, 54:6565－6583.

[175] YANG D, ZHAO Y S, HU Y Q. The constitute law of gas seepage in rock fractures undergoing three-dimensional stress[J]. Transport in porous media, 2006, 63: 463－472.

[176] SALIMZADEH S, PALUSZNY A, NICK H M, et al. A three-dimensional coupled thermo-hydro-mechanical model for deformable fractured geothermal systems[J]. Geothermics, 2018, 71:212－224.

[177] WANG G Y, YANG D, ZHAO Y S, et al. Experimental investigation on anisotropic permeability and its relationship with anisotropic thermal cracking of oil shale under high temperature and triaxial stress[J]. Applied thermal engineering, 2019, 146:718－725.

[178] 雷光伦,李姿,姚传进,等. 油页岩注蒸汽原位开采数值模拟[J]. 中国石油大学学报(自然科学版), 2017, 41(2): 100－107.